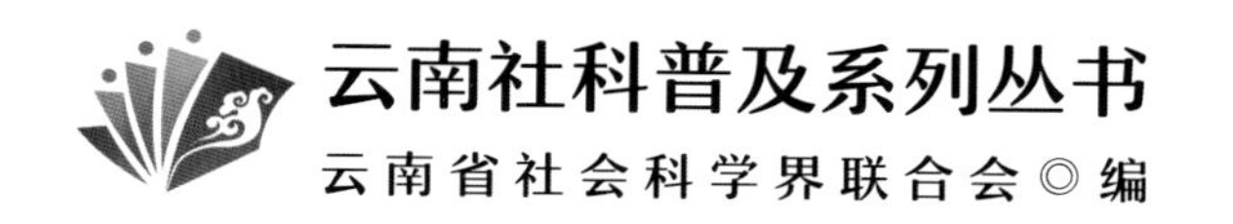

云南社科普及系列丛书

云南省社会科学界联合会◎编

雲南茶類重要農業文化遺產影像誌

曹 茂 著

云南出版集团
云南科技出版社
·昆明·

图书在版编目（CIP）数据

云南茶类重要农业文化遗产影像志 / 曹茂著. -- 昆明 : 云南科技出版社, 2023.5
（云南社科普及系列丛书）
ISBN 978-7-5587-4522-5

Ⅰ. ①云… Ⅱ. ①曹… Ⅲ. ①茶业—文化遗产—云南—图集 Ⅳ. ①TS971.21-64

中国版本图书馆CIP数据核字(2022)第247136号

云南茶类重要农业文化遗产影像志

YUNNAN CHALEI ZHONGYAO NONGYE WENHUA YICHAN YINGXIANGZHI

曹 茂 著

出 版 人：温 翔
策　　划：高 亢
责任编辑：杨志芳 叶佳林 马 莹
整体设计：长策文化
责任校对：秦永红
责任印制：蒋丽芬

书　　号：ISBN 978-7-5587-4522-5
印　　刷：昆明美林彩印包装有限公司
开　　本：889mm×1194mm 1/16
印　　张：12.75
字　　数：200千字
版　　次：2023年5月第1版
印　　次：2023年5月第1次印刷
定　　价：198.00元

出版发行：云南出版集团 云南科技出版社
地　　址：昆明市环城西路609号
电　　话：0871-64192752

序

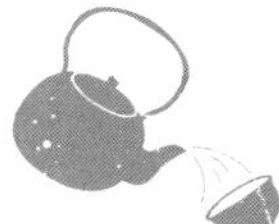

喝普洱茶的人类学家

夏日的午后，漫步在崎岖不平的山道上，道路的两旁是高低错落有致的茶树，沿着山坡层层叠叠地往天空中延展。郁郁葱葱的茶叶，好似一群天真烂漫的孩童，争着向太阳公公跑去，他们推着、挤着、玩闹着，在盛夏的阳光中尽情地释放自己翠绿的生命力。

晚上我们入住了村子里的一处民宿，木质结构的房屋只有两层，整个民宿所有的房间，包括布草间、前台和厨房，加在一起，都没有超过20间。经营民宿的是一位美丽大方的傣族老板娘，前台接待的经理和客房的服务人员，也基本上是清一色身着民族服饰的姑娘，化着端庄的妆，袅袅婷婷地招呼四面八方来的客人。待夜晚降临，吃过晚饭的旅人便三三两两来到楼下的茶室，老板娘此时摇身一变，成为『茶博士』，借着摆放在面前的茶具，笑语晏晏之间，一道道茶艺，行云流水般呈现出来。古有庖丁解牛，今有老板娘请茶。所好者，皆是道也，进乎技矣。只不过，老板娘的茶，不仅仅是那一抹唇齿留香的韵味，更在于和远道而来的旅人侃侃而谈；或许，茶艺之艺，不在于技术本身，而在于带有解蔽的功能。按照海德格尔对古希腊思想的解读，技艺远远不止技术本身，更重要的是揭示了某种被遮蔽的状态，这种被遮蔽的状态就是存在者存在的状态，它关乎存在者与自然、存在者与器物、存在者之间的各种关系，而正是这样的关系，交织着组成了一张『主体间性之网』，我们作为存在者的状态，就是在这张网之中展开，从遮蔽的状态中被解放出来，进入一种『无蔽』状态，这样的一个过程，海德格尔称之为『解蔽』。相比之下，庖丁『提刀而立，为之四顾』，因为过于专注一己之力而臻至的『踌躇满志』，倒显得有点个人中心和小家子气了。

以上是笔者在数年前的暑假，跟随曹茂老师前往澜沧拉祜族自治县景迈山做调研时的一个片段，以及随之生发的感悟。在我们走访的过程中，遇见了许多不同的女性，她们灵动的身影出现在我们暑期调研的各个环节，时刻提醒着外来者，她们是云南茶文化遗产的传承者。在茶的领域，我们可以看到，云南茶类农业文化遗产地女性不仅是茶道的主要实践者，同时也广泛地参与了茶的制作、生产、销售和茶文化遗产的传承保护等各个环节。无论是在实地走访还是阅读其他人类学家的调查笔录或者影像资料，我们都可以见到，有众多的女性身影活跃在和普洱茶有关的各个环节，尤其是在向外来者展示、传播普洱茶历史文化，以及茶遗产传承保护环节，遗产地女性的角色功能最为凸显。

展现在诸君面前的这本书，同样是身为女性的曹茂老师在过去几年中不辞辛劳地在云南各个茶类农业文化遗产地调研之后的成果。它从不同的方面试图去展现普洱茶生产、消费和茶文化遗产传承保护过程中的多样性和多元主体。除了制茶技术，更是有不同的民间习俗、文化传统；另外，还有农耕、采茶、制茶和品茶的不同场景，多方位地呈现了普洱茶扎根在日常生活中的『社会嵌入性』。这本图文并茂的书，在给我们带来快乐阅读体验的同时，也开放出了一个掩卷之后的思考空间：在云南茶的生产、贸易、文化遗产展示和传承保护过程中，每一个人都可以有自己的角色担当。

在这篇短文的末尾，笔者无以为报，只能拾泰戈尔的牙慧，借他一首诗的风韵，以文代茶，送给此刻开卷的读者诸君：

你是谁，我的读者朋友，隔着时空在读着这些文字，

我不能送你一份夏日的慵懒，或是一阵从指间吹过的和风。

拿起茶壶，泡杯茶吧！

那琥珀色的茶汤，是茶仙子的馈赠，她们叽叽喳喳、满心欢乐，穿越了百年的时光，来到我们的面前；

千姿百态的味之花蕾，竞相在舌尖上绽放；连同她们一起抵达的，不仅有自然的馥郁，还有默然的欢喜。

林曦

2022年6月

前言

茶，是中华民族的举国之饮。茶，发乎神农，闻于鲁周公，兴于唐，盛于宋。中华茶文化糅合了儒、释、道诸派思想，又独成一体，芬芳而甘醇，是中华文化的代表性元素之一。明代，云南史籍初现『普茶』二字；清代，云南普洱茶成为『枝头凤凰』，受到清朝皇室的喜爱；当代，神州大地出现了普洱茶热。云南普洱茶以优良的品质获得了更大范围的认可。

中国是世界茶树的原产地，云南又是中国茶树的发源地。2016年出版的《云茶大典》中这样评价云南的茶树资源：『云南茶树资源的特点是种类多，形态上存在着不同程度的连续性变异，大叶、中叶、小叶种类俱全，展示了茶叶从野生型、过渡型到栽培型的转化。云南是我国乃至世界古茶园保存面积最大、古茶树保存数量最多的地方，云南几乎全省都有古茶树种质资源分布。据统计，目前云南古茶园面积在60公顷以上的有14片，总面积达14140公顷。』自2016年第一次走进澜沧拉祜族自治县景迈山千年万亩古茶林，我的学术研究就与茶结下了不解之缘。

2016年首次景迈山之行，我就被中国茶叶传统农耕文明的宏大气魄所震撼，因此选定了以2012年被命名的全球重要农业文化遗产『云南普洱古茶园与茶文化系统』作为写作对象。2017年盛夏，我再次走进景迈山。在其后的四年时间内，不断深入『云南普洱古茶园与茶文化系统』核心区及非核心区，走过了困鹿山、千家寨、老安寨、秧塔、芒中和佛殿山等普洱市辖区范围内的古茶园。这些古茶园共同的特点是历史悠久、远离尘嚣、空气清新、白云清泉、茂林修竹，而且远看是森林，近看是茶林。当你走进这些遗世独立的古茶林，一定会由衷吟诵出唐代诗人灵一的《与元居士青山潭饮茶》：『野泉烟火白云间，坐饮香茶爱此山。』但是，随着市场经济的深入发展，古老的茶园正受到各种因素的破坏。各地茶王树死亡、不发芽等坏消息时不时就会出现在媒体消息中。如何保护好这些千年遗存的农业文化遗产？这个问题引发了我深入的思考。其后，在相关项目基金的支持下，我有了更多的机会深入云南省内普洱市辖区以外的古茶园，其中『云南双江勐库古茶园与茶文化系统』是2015年农业部（现农业农村部）命名的第三批中国重要农业文化遗产。西双版纳傣族自治州古六大茶山则是云南非农业文化遗产地中最为著名的古茶山，历史悠久，茶叶品质优良，种质资源丰富。

茶产业是云南省传统优势特色产业，也是统筹城乡、增加就业、助农增收和乡村振兴的优势骨干产业，做大做强茶产业是云南省农业农村经济发展的重要组成部分。2020年，中国各省市茶园面积排行榜上，云南省茶园面积居全国第一，共计719.3万亩（约47.95万公顷），干毛茶产量为46.6万吨，茶农600多万人，涉茶人口1100万人。『十三五』期间，茶农来自茶产业的人均收入年均增长率达9.2%。茶的消费需求也伴着时代发展与日俱增。随着人们对普洱茶的深入了解，普洱茶赢得了越来越多消费者的青睐，市场前景广阔，并因此形成了一个逐渐扩大的普洱茶消费市场，这就对普洱茶的品质提出了新的要求。历史形成的分布于云南普洱、临沧、西双版纳等地的众多古茶园具有丰富的生物多样性，体现了人与自然、环境的和谐共处、协同进化，蕴含了丰富的生态思想；历史悠久的茶叶栽培和高品质、无污染茶叶的生产，促进了当地社会经济的可持续发展；丰富多姿的茶文化与古茶园栽培和管理方式使当地形成了独具特色的社会组织、文化与知识体系。云南茶类重要农业文化遗产作为历史悠久、地方特色浓郁的农业文明，有着重要的历史价值、经济价值、教育传播价值、乡村管理价值、种质资源价值和生态文明价值。

目前，世界上大量的农业生态系统正面临着社会经济发展的威胁。云南普洱茶古茶园和古茶树资源虽然得天独厚，但是调研中也发现，在相当长的时期内，古茶园的保护利用问题没有得到各方足够的重视，特别是非农业文化遗产地的古茶园，保护问题更为突出。今天很多古茶园还处于自生自灭的状态，被称为世界茶文化之根的云南古茶园面积在近半个世纪中缩减了3/5。虽然在当前绿色经济的推动下，古茶树资源开发利用已经备受市场的追捧，但是在经济利益的驱动下，部分普洱茶古茶园也出现了过度开发的现象。如何合理保护普洱茶古茶园和古茶树资源，实现普洱茶产业的可持续发展，已经成为一个亟待研究的重要学理问题。在这样的背景下，必然要思考：除了向政府管理部门提供解决古茶园保护利用问题的决策咨询报告以外，作为一个学者，还能怎样为保护云南这独特的农业文化遗产尽自己的绵薄之力？

经过多年古茶山调研，我总在想应该把古茶山的美景、茶农的农耕智慧、传承的生物多样性文明等用影像的方式记录下来，让更多的人知道，在云南这片神奇的土地上，有如此让人震撼的自然与文化相融合的农耕文明和农业文化遗产。本书的构想由此诞生。

从本书选题确定开始，疫情也一直持续。在遵守国家疫情防控规定的同时，笔者争分夺秒奔赴云南省普洱市和临沧市双江拉祜族佤族布朗族傣族自治县茶类农业文化遗产地拍摄影像资料，保证了书稿的顺利完成。

截至目前，云南有一项2012年被命名的茶类全球农业文化遗产——『云南普洱古茶园与茶文化系统』；还有一项2015年被命名的茶类中国重要农业文化遗产——『云南双江勐库古茶园与茶文化系统』，该项目已于2019年入选第二批中国全球重要农业文化遗产预备名单。为了全面记录云南这两项茶类中国重要农业文化遗产，本书稿分为上、下两篇，上篇全面展现『云南普洱古茶园与茶文化系统』遗产地的古茶园与茶文化生活；下篇全面展现『云南双江勐库古茶园与茶文化系统』遗产地的古茶园与茶文化生活。全书用近400幅照片和9个视频，呈现云南茶类重要农业文化遗产地的生态环境、茶叶栽培、茶园管理、茶文化、茶农民居与茶农民俗文化生活的概况。文字、照片和视频记录下了云南茶类重要农业文化遗产地一片片美丽的风景，一桩桩平淡而又充满文化意义的茶事，一处处茶历史文化遗迹，将留给读者愉悦的感官享受与无尽的回味。图片未标明摄影者的均为作者自己拍摄。

本书涵盖的景迈山、困鹿山和冰岛等茶区，其茶叶在当下已是中国备受普洱茶客追捧的著名山头茶。轻啜一口云南茶类重要农业文化遗产名山香茶，相信你就能迅速体验到『饮罢清风生两腋，馀香齿颊犹存』的愉悦感。希望读者朋友们读罢此书，还能感受到合书犹余茶香在，『夜深还与梦魂飞』的文化与审美意境。这也应是一本有价值的茶书所需的境界吧！

曾茂

2022年11月

目录

CONTENTS

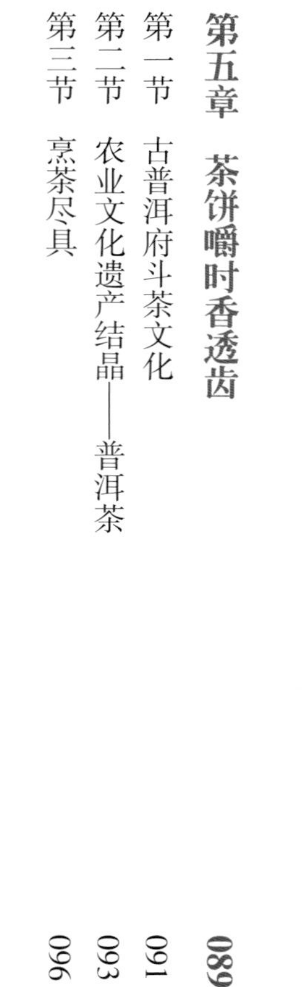

上篇　云南普洱古茶园与茶文化系统

下篇　云南双江勐库古茶园与茶文化系统　121

上篇

云南普洱古茶园与茶文化系统

YUNNAN PU'ER GU CHAYUAN YU CHA WENHUA XITONG

第一章 世界茶源

“茶，香叶，嫩芽”“谁谓荼苦，其甘如荠”“一饮涤昏寐……再饮清我神……三饮便得道”，三千多年前的《诗经》、盛唐的诗歌以及今天的文学作品，都记录着中国茶悠久的历史和独特的文化。世界上茶树最早被发现、驯化和栽培利用源于中国，而中国的云南省又是世界茶树的发源地。

云南境内的澜沧江流域，山峦起伏，风光无限。因为位于北回归线附近，加上高耸的青藏高原和险峻的横断山脉阻挡了来自西北的寒流，茶树的二世祖中华木兰得以躲过第四纪冰川的多次袭击并生存下来。之后，逐渐演化至被人类发现、驯化及大规模栽培。云南大量遗存的野生型、过渡型和栽培型古茶树见证了茶树利用的历史发展体系。唐代樊绰《蛮书》（卷七　云南管内物产）中载：“茶出银生城界诸山”[1]，第一次明确了云南茶树的种植区域。宋代李石在其《续博物志》中云：“茶出银生诸山，采无时”[2]，这是云南栽培型古茶树在南宋史籍中的记载。野生型和过渡型古茶树只有春茶可以采摘，但是栽培型古茶树在云南得天独厚的环境条件下，从 3 月底春芽开采，直至 11 月仍可采摘，因此呈现出“采无时”的特征。

[1]　〔唐〕樊绰：《蛮书校注》，向达校注，中华书局，2018，第 90 页。
[2]　〔宋〕李石：《续博物志》，巴蜀书社，1991，第 98 页。

普洱市思茅区糯扎渡段澜沧江
/ 摄于2017年7月 /

2012年9月5日，联合国粮农组织助理总干事Alexander Müeller先生，中国工程院院士、中国科学院地理科学与资源研究所研究员李文华等为“云南普洱古茶园与茶文化系统”颁发“全球重要农业文化遗产保护试点”牌匾。

2013年5月21日，农业部[1]在北京举行第一批中国重要农业文化遗产发布活动。普洱市接受了“中国重要农业文化遗产”牌匾。

2013年5月25日，在普洱市举办的国际茶业大会开幕式上，国际茶叶委员会主席Norman Kelly、国际茶叶委员会原主席Mike Bunston共同将“世界茶源”称号授予云南省普洱市。世界茶树发展中的五个主要阶段实物证据均在普洱市境内，包括距今约3540万年的景谷宽叶木兰（新种）化石，距今约2500万年在景谷、景东和澜沧县等地发现的中华木兰化石，镇沅县千家寨距今约2700年的野茶树，澜沧县距今约1000年的邦崴过渡型古茶树，和2012年被联合国粮农组织列为“全球重要农业文化遗产保护试点”的“云南普洱古茶园与茶文化系统”核心区的景迈山千年万亩[2]古茶林等，国际茶叶委员会因此认定普洱为“世界茶源”，普洱市因茶而蜚声世界。

云南省茶文化博物馆藏品
——木兰化石
/ 摄于2021年2月 /

雲南省茶文化博物館
文物名称：木兰化石
藏品编号：GB201109W9
朝代信息：此展品为远古3540万年茶叶化石
基本信息：长20厘米 宽10厘米 高1.8厘米
详情：1978年，以宽叶木兰（新种）为主体的景谷植物群化石被中科院北京植物研究所和南京地质古生物研究所发现公布。
扫码详听展品故事

云南省茶文化博物馆藏品
——木兰化石标识牌
/ 摄于2021年2月/

普洱市博物馆藏品
——“世界茶源”牌匾
/ 摄于2021年1月/

[1] 农业部，现为农业农村部，全书同。
[2] 1亩≈666.7平方米，全书同。

第一节
千家寨野生古茶树

镇沅县九甲镇千家寨风光
/ 摄于2018年10月 /

2012年8月，“云南普洱古茶园与茶文化系统”被联合国粮农组织列为“全球重要农业文化遗产（GIAHS）保护试点”。2013年5月，“云南普洱古茶园与茶文化系统”成为中国首批重要农业文化遗产。“云南普洱古茶园与茶文化系统”遗产包括三大核心区：镇沅彝族哈尼族拉祜族自治县[1]九甲镇千家寨野生古茶树群落、宁洱哈尼族彝族自治县[2]宁洱镇宽宏村困鹿山古茶园和澜沧拉祜族自治县[3]景迈山千年万亩古茶林。

“镇沅县是普洱茶的故乡之一。‘马邓茶’‘砍盆箐茶’‘老海塘茶’为名茶。”[4]镇沅县九甲镇千家寨地处哀牢山国家级自然保护区内。哀牢山国家级自然保护区不仅以国家二级保护植物野茶树及以茶树为优势树种的植物群落闻名，而且这个群落中还有由第三纪遗传演化而来的亲缘、近缘植物，如壳斗科、木兰科、山茶科等植物群。保护区内飞瀑流泉，层峦叠翠，风景秀美却又不失雄浑险峻，可谓探险爱好者的乐园。

“1981年全县重点茶区茶树品种资源（包括野生茶树）调查中，在九甲区（今九甲镇，笔者注）千家寨发现5000余亩野生茶树。”[5]1996年11月12—17日，中共普

[1] 镇沅彝族哈尼族拉祜族自治县，简称镇沅县，全书同。
[2] 宁洱哈尼族彝族自治县，简称宁洱县，全书同。
[3] 澜沧拉祜族自治县，简称澜沧县，全书同。
[4] 镇沅彝族哈尼族拉祜族自治县地方志编纂委员会编《镇沅彝族哈尼族拉祜族自治县志》，云南人民出版社，1995，第179页。
[5] 镇沅彝族哈尼族拉祜族自治县地方志编纂委员会编《镇沅彝族哈尼族拉祜族自治县志》，云南人民出版社，1995，第180页。

千家寨1号野生古茶树（夏季）
李美永/ 摄于2021年7月 /

千家寨1号野生古茶树（冬季）
/ 摄于2018年1月 /

千家寨1号野生古茶树旁竖立的碑
/ 摄于2018年1月 /

千家寨2号野生古茶树
李美永/ 摄于2021年2月 /

洱地委，地区行政公署，普洱地区茶叶学会，镇沅县委、县人民政府在镇沅召开了“哀牢山国家自然保护区云南省镇沅千家寨古茶树考察论证会”。与会专家们结合千家寨古茶树地理纬度、海拔与水热状况等资料综合推算，千家寨上坝野生古茶树树龄约为2700年，定名为“千家寨1号”（发现于1991年）；千家寨小吊水头野生古茶树树龄为2500年，定名为“千家寨2号”（发现于1983年）。千家寨野生古茶树地处东经101°14′，北纬24°7′，海拔2100~2500米。

千家寨 1 号野生古茶树的生长地——上坝，海拔 2450 米。1 号野生古茶树属于乔木型野生茶树，大理种，树姿直立，分枝较稀。1 号树树高 25.6 米，冠幅 22 米 ×20 米，基部干径 1.12 米，胸径 0.89 米，生长状态正常。其叶片平均大小 14 厘米 ×5.8 厘米，椭圆形，叶色深绿，有光泽。花冠大，平均直径 5.7 厘米 ×5.6 厘米。花瓣白色，每朵茶花 14 瓣（12~15 瓣）。

千家寨2号野生古茶树的生长地——小吊水头，海拔2280米。2号野生古茶树属于乔木型野生茶树，大理种，树枝直立，分枝较稀。2号树树高19.5米，冠幅16.5米×18米；其最低分枝10米，基部干径1.02米。

千家寨 1 号野生古茶树和 2 号野生古茶树的发现经历了这样一个过程：1983 年春，九甲镇和平村大黑箐社社员罗忠祥在千家寨小吊水头发现了 2 号野生古茶树。县茶叶站负责人杨钊得知后，实地查看了这棵树，并奖给罗忠祥人民币 200 元。这件事情随后就在和平村传开了。其后，在奖金的刺激下，和平村大黑阱（即之前的大黑箐）的村民罗忠生和他的哥哥罗忠甲开始一起去寻找更古老的野茶树。他们踏遍了千家寨的深山老林，找古茶树的路也越来越远。1991 年春天，他们终于发现了千家寨 1 号野生古茶树。他们带着麻绳去测量树径，1 号野生古茶树看起来比 2 号野生古茶树高很多。2001 年，政府为罗忠生颁发了发现者的荣誉奖状，但是他哥哥罗忠甲已经去世，所以奖状上是罗忠生和嫂子李世芬的名字[1]。

镇沅县九甲镇千家寨野生古茶树标识牌
/ 摄于2018年10月 /

镇沅县九甲镇千家寨1号野生古茶树发现者罗忠生
魏吉卿/ 摄于2018年10月 /

镇沅县九甲镇千家寨飞瀑流泉
魏吉卿/ 摄于2018年10月 /

[1] 曹茂主编《茶史留痕：云南普洱茶古茶树、古茶园及古茶资源口述史》，云南科技出版社，2019，第 56 页。

第二节 邦崴过渡型古茶树

澜沧县富东乡邦崴村新寨过渡型古茶王树
何仕华 / 摄于1995年夏/

澜沧拉祜族自治县富东乡邦崴村新寨至今生长着一些野生型向栽培型过渡的古茶树，被茶学界鉴定为过渡型古茶树。

——《澜沧拉祜族自治县志（1978—2005）》

《澜沧拉祜族自治县志（1978—2005）》记载：“其中，在海拔1880米处最大的一棵通高11.8米，树幅8.2米×9米，基部干径1.14米，距地面0.7米分枝，枝叶繁茂，一般年产鲜叶50千克……树龄在1000年左右，为国家珍稀植物。”[1]

这棵最高大的邦崴过渡型古茶王树最初由何仕华先生于 1991 年 3 月在走访普洱村寨过程中发现。后来在他的积极推动下，云南省茶叶学会、云南省农科院茶叶研究所、思茅地区茶叶学会、思茅行署、澜沧县人民政府于 1992 年 10 月 11—14 日在澜沧县召开“澜沧邦崴大茶树考察论证会”，确定它为树龄 1000 年左右的过渡型古茶树。邦崴过渡型古茶树的发现填补了茶叶演化史上的重要空白，轰动了世界。1993 年，印度《阿萨姆评论》、《人民日报》（海外版）、中国香港《文汇报》、泰国《新中原报》、菲律宾《世界日报》等都进行了相关报道。

邦崴过渡型古茶王树生长在邦崴村新寨箐头的斜坡上，至今仍在采摘食用，一次可采摘20~30千克鲜叶，滋味甘甜爽口。普洱茶专家黄桂枢在1993年4月举行的“中国普洱茶国际学术研讨会”和“中国古茶树遗产保护研讨会”上，依据邦崴周边考古遗址与民俗学资料提出了邦崴古茶树由云南布朗族的先民濮人培育驯化的观点[2]。其后，它的主人随着民族迁徙变换为拉祜族和汉族。现在邦崴古茶王树由富东乡政府管理，所产茶叶由政府组织拍卖。

[1] 澜沧拉祜族自治县地方志编纂委员会编《澜沧拉祜族自治县志（1978—2005）》，云南人民出版社，2013，第 218 页。

[2] 黄桂枢：《普洱茶文化》，云南大学出版社、云南人民出版社，2016，第 23 页。

第三节
困鹿山古茶园

普洱山薄雾的清晨俯瞰宁洱县县城
/ 摄于2021年1月 /

普洱山云海
/ 摄于2021年1月 /

困鹿山是无量山的一支余脉，隶属云南省普洱市宁洱县宁洱镇宽宏村民委员会，海拔1410~2271米。困鹿山风光秀丽，山峦叠翠，古木参天，气候宜人。

清道光十五年（1835年），进士彭崧毓所撰的《云南风土纪事诗》中有关于宁洱县环境特征的记载：“云南州县有烟瘴者，例以三年得调普洱府，各官皆□烟瘴，而附郭之宁洱县独否，不可解也。”[1]这段文字道出了宁洱县是普洱府中唯一没有烟瘴笼罩的城郭。

蒋文中在《“普洱茶”得名历史考证》一文中指出：“《滇略》虽说到普茶，但仍未提到因何得名和具体产地。直至清康熙年间章履成的《元江府志》才第一次提到‘普洱茶，出普洱山，性温味香，异于他产’。”[2] 蒋文中先生在此文中经过细心求证提出：普洱茶最初应得名于普洱山。但是其实清康熙年间《元江府志》（1714年）并不是最早提到普洱山产普洱茶的史籍。1687年徐炯的《使滇杂记》在物产中记载：“元江产普洱茶，出普洱山故名。性温，下气消食。”[3]这是目前学术界发现的最早出现普洱茶名称及普洱山产普洱茶的记载。

[1] 〔清〕彭崧毓：《云南风土记事诗》，载骆小所主编《西南民俗文献》，兰州大学出版社，2003，第138页。“□”，虚缺号，标明缺漏、删除或无法辨认的字，1个方框代表1个文字。
[2] 蒋文中：《“普洱茶”得名历史考证》，《云南社会科学》2012年第5期，第143页。
[3] 徐炯：《南皋山人学文存稿·使滇日记·使滇杂记》，上海古籍出版社，1983，第333页。

清道光和光绪年间的《普洱府志》分别在其卷二十“杂记”和卷五十“杂志”的异闻中记载了普洱山，两者表述一致：“九龙江有夷人一种，计四五百户，名曰歹缅，译言普洱人，也最强悍有力，宣慰司用为土练，凡卫锋辄居前茅决胜。按郡治东山，旧名普洱山，即光山。又有普洱河，即三岔河，下流会思茅河处。昔有土目率局山，后因兵燹徙居九龙江，故今尤以地名名其人，志不忘本也。”此处记载有普洱人、普洱山和普洱河。普洱人、普洱茶和普洱河等显然都因普洱山而得名。

普洱山在清代以前曾遍植茶树，杨凯、刘燕所著的《从大清到中茶：最真实的普洱茶》中说：雍正十年（1732年），茶山土官刀兴国因反抗官府压迫，联合苦聪人、沅江土著等一起围攻普洱府城，被清军镇压[1]。此次暴动对普洱府城造成严重破坏，此后普洱府城的普洱山和板山不再产茶。今天普洱山步行道旁的茶树皆为21世纪后栽种，均比较矮小。山下宁洱镇般海村还有一棵较大的幸免于难的古茶树。

普洱山位于古普洱府西城门外，古称“西门岩子”，海拔1838.3米。如今，普洱山观日出已成为当地文旅特色名片。

宁洱县古茶树主要遗存在困鹿山，古茶树总面积达10122亩，仅宁洱镇宽宏村就有1939亩。“困鹿山”是傣语，“困”翻译成汉语是“凹”“山谷”之意，“鹿”则指鸟雀，“困鹿山”即生活着很多鸟雀的山谷。困鹿山茶树种类多样，野生型、过渡型、栽培型并存；树种有大叶种、中叶种和小叶种，其中中、小叶种品质最好，香气沉稳、茶韵浓厚，价格也是困鹿山茶区中最高的。困鹿山茶树生态系统生物多样性特征明显。2013年12月2日，困鹿山古茶园被普洱市人民政府公布为第一批普洱市文物保护单位。古茶园里茶树树高一般为6~18米，古茶树基部干围2米以上的有3株，1~2米的则有20多株，其余的1米左右。海拔1640米风光秀丽的古茶园内，集中栽培着400多棵古茶树，树龄均在400年以上。古茶园中还有其他一些林木混生，有着良好的生态环境。

普洱山日出
/ 摄于2021年1月 /

困鹿山古茶园入口处
/ 摄于2017年10月 /

困鹿山古茶园市级文物保护石碑
/ 摄于2020年3月 /

[1] 杨凯、刘燕：《从大清到中茶：最真实的普洱茶》，晨光出版社，2020，第15页。

困鹿山古茶园大叶种茶王树，基部干围197厘米
/ 摄于2017年10月 /

困鹿山古茶园内年产鲜叶10~15千克的细叶皇后
/ 摄于2017年10月 /

困鹿山古茶园一景
/ 摄于2017年10月 /

第四节 景迈山千年万亩古茶林

景迈山古茶林位于云南省普洱市澜沧县惠民镇的景迈、芒景两个行政村。景迈村和芒景村分别为傣族和布朗族聚居村落。布朗族先民濮人在迁徙途中发现野茶树，当他们最终在景迈山定居之后，开始在寨子周围的森林中驯化、种植茶树，并与傣族等民族一起，守护茶山，建设家园，代代相传，形成了如今林茶共生、人地和谐的古茶林文化景观。

困鹿山古茶树茶花
/ 摄于2017年10月 /

“景迈”为傣语，意为新的村寨。何金龙在《普洱景迈山古茶林考古》中认为：“‘景迈’一名最早见于明万历年间（1573—1620年）吴宗尧《抚按会题莽哒喇事情兵部议准移咨节略》：‘窃闻莽哒喇者……攻打景迈。’明天启《滇志》明言景迈即八百媳妇国及其称谓的来源，‘八百大甸军民宣慰使司，夷名景迈。世传其酋有妻八百，各领一寨，因名八百媳妇国。’”[1]《普洱景迈山古茶林考古》一文严重混淆了景迈山和八百大甸军民宣慰使司首邑的景迈。明天启《滇志》中的景迈是指今天泰国北部的清迈，而不是何金龙认为的景迈山。方国瑜先生的《中国西南历史地理考释》中言：“按泰国古史在犹地亚王朝时期，其北部绸怕省所属之景迈、昌莱、喃邦诸府为八百媳妇地……即景迈为八百（蘭那）首邑。”[2]此文中的景迈也是今天的清迈，清迈在明天启《滇志》成书时期正

[1] 何金龙：《普洱景迈山古茶林考古》，《大众考古》2015年第8期，第83页。
[2] 方国瑜：《中国西南历史地理考释》，中华书局，1987，第1020~1021页。

景迈山古茶林内主干道
/ 摄于2021年1月 /

是泰国北部兰那古国（1292—1892年）的都城。

景迈茶山在清乾隆以前属于车里军民宣慰使司（今西双版纳傣族自治州[1]）十二版纳中的康洛满版纳。过去车里宣慰使嫁公主时，常将土地和山林作为女儿的采邑地陪嫁给准女婿，或者作为礼物赠送给需要感谢的人。如澜沧县的勐朗、勐炳原来都属于车里军民宣慰使司管辖。清乾隆五十九年（1794年），车里宣慰使刀士宛在孟连宣抚司召贺罕（土司的尊称）的帮助下打败老挝士兵，救回公主婻桑秀。车里宣慰使为表示对孟连宣抚司的感谢，把今属于澜沧的勐朗、勐炳送给了孟连宣抚司。之后，孟连宣抚司召贺罕向车里宣慰使求婚嫁女，车里宣慰使把女儿婻桑秀嫁给了孟连召贺罕，并将景迈茶山作为陪嫁给了孟连召贺罕。查阅孟连土司世系，迎娶婻桑秀的召贺罕就是孟连第21任土司刀派功。这段历史在《泐史》和《孟连宣抚史》中都有记载。

景迈山遗产区内有三大片总面积为1230.63公顷的古茶林，以及九个传统民族村寨，见证了茶树从野生到人工栽培的演化过程，展现了当地独特的茶树栽培和茶叶制作传统，并衍生出的丰富茶文化。三大片古茶林分别位于白象山、糯岗山和哎冷山，其中以景迈大寨西侧的大平掌古茶林和芒景上寨、下寨古茶林最为典型。在白象山和芒景哎冷山之间有1500~3000米宽度的森林隔离带。

[1] 西双版纳傣族自治州，简称西双版纳州，全书同。

景迈山古茶林

摄于2021年1月 /

景迈山古茶林内一株古茶树的标识牌
/ 摄于2021年1月 /

景迈山古茶林内高层乔木和中层茶树
/ 摄于2021年1月 /

1800多年前（见苏国文《芒景布朗族与茶》），芒景村布朗族的先民们在景迈山的森林中种植茶树，但没有将其他的林木伐尽。茶树与高低错落的不同植物共处，保留了森林的生物多样性。古茶林的上层有红椿、榕树、樟树等高大的乔木；中层主要有占据优势的古茶树，还有豆科、山茶科、杜鹃花科等植物；下层分布有姜科、禾本科、蕨类和药材等草本植物。其中，珍稀的植物都有棕色的标牌明示，向游客诉说着遗产的历史与价值。茂密而种类多样的植被为脊椎动物、鸟类、昆虫等动物提供了良好的生存空间。景迈山古茶林中被列为国家重点野生保护动物、濒危野生动植物的黑鸢、蛇雕等为古茶林增添了生机。覆盖率达80%的古茶树给生活在其中的傣族、布朗族等多民族提供了长期持久的经济收益。在自然生态的作用下，古茶林里各物种互利互惠，也彼此制约，抑制了古茶园病虫害的爆发。同时上层乔木的落叶又为茶树的生长提供了丰富的有机养料，有效地维持了古茶林生态系统的稳定。这种以生物多样性为特征的“林间种植技术”和“林下种植技术”千年传承，使景迈山遗产区明显呈现出“村落掩映茶林中，茶林围在森林中”的“森林—古茶林—传统村落”圈层分布景观。

景迈山古茶林是全球山地森林农业的杰出典范。2013年，普洱景迈山古茶林被国务院列为第七批全国重点文物保护单位；2022年2月2日，普洱市政府主要负责人在普洱市“两会”政府工作报告中提出，景迈山古茶林文化景观已被国务院批准为中国2022年正式申报世界文化遗产项目，申遗相关文本已经送交联合国教科文组织。

景迈山古茶林内茶树数量超过120万株，种植密度约为每公顷1000棵，株行距无规则，与森林中高大常绿阔叶林木交错生长，顺缓坡种植。茶树一般高2~5米，树冠直径2~6米。最大的一棵古茶树树高接近12米，基部干围1.8米。

景迈山大平掌古茶林内最粗大的一棵茱萸树

/ 摄于2017年8月 /

景迈山最大的一棵古茶树，位于勐本山，基部干围 1.8 米，树冠直径 12 米，属于勐本竜头岩依道家

/ 摄于2017年8月 /

景迈山古茶林内一株950年树龄的古茶树

/ 摄于2017年8月 /

大平掌古茶林简介
/ 摄于2017年8月 /

景迈山大平掌茶王树
/ 摄于2017年8月 /

景迈山古茶林内普文楠（樟科楠属植物）的标识牌
/ 摄于2021年1月 /

景迈山古茶林内云南移𣝗的标识牌
/ 摄于2021年1月 /

景迈山古茶林内长尾单室茱萸的标识牌
/ 摄于2021年1月 /

景迈山古茶林内除了有落叶、朽木等为茶林提供有机养料外，村民们放养的牛群行走在古茶林内，吃青草、排牛粪，既防止了茶林内草本植物生长过快，又为茶林增添了有机肥。

景迈山古茶林采用了独特的林间和林下种植技术，使景迈山古茶林具有与天然林十分相似、丰富的生物多样性，有效地维持了古茶林生态系统的稳定，体现出了当地世居布朗族与傣族茶农世代传承的茶树栽培智慧。至今景迈山古茶林更替有序，生长良好，其整体生态系统充满活力。

景迈山古茶林内盛开的樱花
/ 摄于2021年1月 /

景迈山古茶林内盛开的野牡丹
/ 摄于2021年1月 /

景迈山古茶林内枯死树木上生长出的石斛及下层草本植物
/ 摄于2017年8月 /

景迈山古茶林内的茸毒蛾
/ 摄于2021年1月 /

景迈山古茶林内放养的牛群
/ 摄于2021年1月 /

YUNNAN
PU'ER
GU CHAYUAN
YU
CHA WENHUA
XITONG

第二章

信灵本自出山原

亲爱的读者朋友们，你们也许爱饮普洱茶，但是你们有没有到过云南的古茶山呢？有没有见过遗世独立的古茶树生长的环境呢？本章就为读者朋友们揭秘云南古茶树的生长环境，相信朋友们读罢一定会无比向往云南茶类农业文化遗产地所在的古茶山！

“茶实嘉木英，其香乃天育”，得天独厚的生态环境孕育了茶叶与生俱来的清香。唐朝诗人韦应物的诗《喜园中茶生》云：“洁性不可污，为饮涤尘烦。此物信灵味，本自出山原。”此诗道出了茶树适宜的生长环境。茶树对生长环境的要求主要是要有充足的光照，但既不能太强也不能太弱。茶树生长的适宜温度为25℃左右，低于10℃时根部会停止活动。茶树生长适宜的年降雨量为1500毫米左右。土层厚度为1米以上，土壤是弱酸性的，透水性或蓄水性能好。茶树适宜生长在海拔1500米左右的山地。这样，太阳从升起到降落的过程中，山坡上的茶树更容易得到充足的光照，使得茶芽柔嫩，芬芳物质多，因此醇而不苦涩；树木多的山地，泥土下水分比较充足，平时云雾多，空气湿度大，对茶树的生长更为有利。“茶香高山云雾质，水甜幽泉霜当魂。”所谓“高山云雾出好茶”，把茶树种在一定海拔高度的山坡上是有道理的。当然，太高的大山也不宜，会有冻害。

云南茶类重要农业文化遗产地所在的普洱市和临沧市双江拉祜族佤族布朗族傣族自治县[1]，土地洁净，天朗气清，山川秀美。这里随处可见“野泉烟火白云间”，怎能不让人“坐饮香茶爱此山”？

2019年，普洱市森林覆盖率达70%。普洱市是全国生物多样性最丰富的地区之一，也是全球北回归线上保存最完好、最大的生态绿洲，森林生态系统服务功能总价值排名云南第一位。4.5万平方千米的土地上，分布着16个自然保护区，保存着全国近三分之一的物种。

“云南普洱古茶园与茶文化系统”三大核心区都位于古普洱茶区。茶区气候为低纬度中海拔的亚热带气候，母岩均为古红层的沉积岩，海拔1000~2021米，海拔1500米以下为赤红壤，1500米以上为红壤。

[1] 双江拉祜族佤族布朗族傣族自治县，简称双江县，全书同。

第一节
野茶无限春风叶

千家寨野茶树群落位于普洱市镇沅县境东北角的千家寨景区，在哀牢山国家级自然保护区内，距县城90千米。千家寨景区面积20平方千米，地处东经101°14′，北纬24°7′，海拔2147米，年平均气温10~12℃。

相传，在太平天国的影响和鼓舞下，清咸丰、同治年间哀牢山彝族农民领袖李文学联合各族农民五千余人，聚集于天生营誓师起义，在哀牢山安营扎寨，反抗清军，此处因而得名“千家寨”。

千家寨景区内山清水秀，林幽物奇。层峦叠嶂的山体高大、浑厚、雄壮。崇山峻岭中流淌着清澈的溪流，无数的叠水和碧潭，与周围的密林、山花一起为大自然增添了生趣。特别是近百米高的大吊水瀑布气势磅礴，绮丽多姿。人迹罕至的原始森林中野茶树与其他高大林木共生，同时生长着许多名贵花卉和珍稀树种。林中还有奇妙的鹦鹉、可爱的白鹭、有趣的掉包雀等。当然，还会有“熊瞎子”不时出没。

千家寨清澈的嘟噜河水（“嘟噜”为傣语，意为穿过森林的河）
/ 摄于2018年10月 /

千家寨大吊水瀑布→
/ 摄于2018年10月 /

千家寨管护站旁风景
/ 摄于2018年10月 /

层峦叠翠的千家寨山体
/ 摄于2018年10月 /

千家寨景区内的苔藓、地衣及蕨类植物

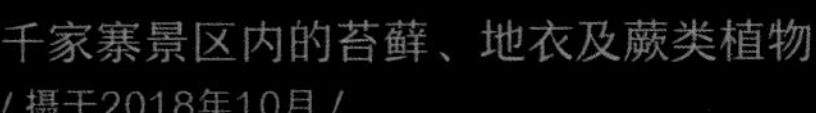

/ 摄于2018年10月 /

千家寨优势树种——野生茶树

/ 摄于2018年10月 /

第二节 困鹿青霭众罄殊

雾锁宁洱
/ 摄于2021年1月 /

困鹿山古茶园海拔1640米，位于东经101°4′，北纬23°15′，年平均气温16.5~19.0℃，植被为山地常绿阔叶林和针阔混交林，土壤主要是赤红壤和红壤。这里林木繁茂，常年云雾缭绕，雨量充沛，气候适宜，良好的生态环境滋养着困鹿山古茶树的生长。

2008年，在中国（广州）国际产业博览会上，由宁洱县困鹿山茶场古茶园采摘制作的“晒青毛茶”获得博览会金奖。好品质来源于困鹿山良好的适宜茶树生长的环境。

困鹿山云海
/高会娟授权提供/

困鹿山远眺
/ 摄于2017年10月 /

困鹿山古茶园中一棵基部干围2米的古茶树
/ 摄于2017年10月 /

困鹿山古茶园细叶王子
谭晓岚/ 摄于2021年3月 /

困鹿山古茶园一景
/ 摄于2017年10月 /

困鹿山古茶园内套种的柚子树
/ 摄于2017年10月 /

第三节 景迈山光花木深

澜沧县景迈山千年万亩古茶林位于东经99°59′14″~100°03′55″，北纬22°08′14″~22°13′32″，茶树属乔木大叶种，有约2.8万亩，是云南省十二大茶山中乔木型茶树最大的一片。景迈山属横断山系怒山余脉临沧大雪山南支，地形西北高、东南低，海拔最高的糯岗山1662米，海拔最低的南朗河谷1100米，属亚热带山地季风气候，干湿季节分明，年平均气温18℃，年降雨量1800毫米，年平均相对湿度79%，年平均日照时间2135小时，年无霜期265天，利于茶多酚、氨基酸、叶绿素形成，而纤维素不易形成，茶叶能较长时间保持鲜嫩。古茶林土壤属于赤红壤，古茶园内的植物群落属于亚热带季风常绿阔叶植物。

景迈山的地层岩石以白云石英片岩、云母石英片岩和云母片岩为主，遗产区分为3个不同的地貌单元：东北部为近似东西走向的白象山，其北麓分布有景迈大寨、勐本和芒埂3个傣族村寨；西北部有西北—东南走向的糯岗山，糯岗傣寨依山而建；南部为近似南北走向的芒景山（哎冷山，为纪念茶祖哎冷命名），其西麓分布有芒景上寨、下寨、芒洪、翁基和瓮洼5个布朗族村寨。

澜沧江水系的南朗河，自景迈山西北方向环绕流淌过遗产区北侧和东侧，与南门河交汇后汇入打洛江，最后注入湄公河。南朗河平均流量4立方米/秒，为遗产区动植物生长和人类生产生活提供了丰富洁净的水源。

景迈山古茶林内古老的茶树与其他参天大树交错丛生。景迈山古茶林从茶树种植的地块选择、茶树繁育到茶园管理等各环节均体现出了高超的生态智慧。由于与森林混生，景迈山茶叶具有强烈的山野气韵，而且还具有浓郁、持久的兰花香。

景迈山古茶树栽培方式为茶籽果实繁育，采取茶籽点播技术，即每年在10月左右，采集成熟、饱满的茶籽，于11月在混种有多种林木的树林中挖一个洞眼，放入茶籽，让其自然生长。播种时简单清理一下林中的杂草和灌木，用点播棒开出约5厘米深的孔放入茶籽。茶籽可带壳，也可去壳。每个洞眼可播种1~2粒，然后覆土，在播种点插竿标记。次年6—7月，雨水来临时移栽，顺山坡挖穴单株移栽种植，穴塘深20~30厘米，茶树间距2米左右。当茶树生长至50~60厘米时，采去顶芽，促使其侧枝生长。

在茶树种植上，人们利用古茶树与其他树种相生相克的相互作用关系，探索出丰富的茶树种植地方性知识。如果茶林中栽种桂花树、栘木衣树、香樟树或姜科植物等，其特有的香味会传递给古茶树，使茶叶“自有清香出九天”。相反，如果板栗树、核桃树、梨树、芭蕉、竹子或“红毛树”等在茶林中，茶树根系的水分就会被抢夺，茶叶可能枯死，茶味也会相对苦涩。

景迈山古茶树林下种植的方式，不仅有效维持了古茶林生态系统的稳定和高效，而且对当地

←景迈村勐本寨远眺
/ 摄于2021年1月 /

雾锁芒埂
/ 摄于2017年8月 /

雾锁勐本
/ 摄于2017年8月 /

生物多样性的维持和生态保护等都起到了十分重要的作用。

古茶林的茶园管理不施任何化肥农药，主要靠自然落叶、草本层和牛粪等提供营养，靠茶林生态系统的生物多样性来防治病虫害。根据自然生态的变化，每年除草一次，一般在11—12月。每年适当修剪茶树杈枝。

景迈山先民特别注意古茶林周边森林的保护，传统上统一开荒，不得擅自开发。在开荒种植一两年后，必须放荒15~20年方可再开荒。传统村规有明确指定的薪炭林、起房盖屋专用林，不能随便砍伐林木。

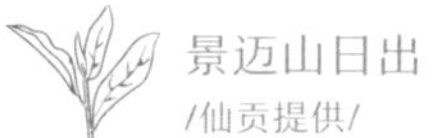

景迈山日出
/仙贡提供/

←景迈山茶祖庙远眺
/ 摄于2017年8月 /

景迈山勐本云海

苏维/ 摄于2021年11月 /

景迈山大平掌古茶林全景图

/ 摄于2021年1月 /

景迈山云海
/ 摄于2021年1月 /

芒景村古茶林一景
/ 摄于2021年1月 /

景迈山大平掌古茶林土壤
/ 摄于2021年1月 /

景谷县民乐镇大村秧塔大白茶古茶园石碑与古茶树
/ 摄于2019年11月 /

景谷县民乐镇大村秧塔大白茶古茶园
刘松志/ 摄于2020年6月 /

景谷县民乐镇大村秧塔大白茶始祖
/ 摄于2019年11月 /

景谷县民乐镇大村秧塔大白茶古茶园
/ 摄于2019年11月 /

第六节
三财云高山烟翠

景谷县景谷镇文联村大荒地组三财云古茶园古茶树
刘松志/ 摄于2020年4月 /

景谷县景谷镇文联村大荒地组三财云古茶园环境
刘松志/ 摄于2020年6月 /

景谷县素有林海明珠、茶祖之源、佛迹圣地、芒果之乡的美誉。景谷县是世界茶树的发源地之一，因此也有着众多的古茶园。景谷县除上文介绍的秧塔大白茶古茶园外，在景谷镇文联村大荒地组三财云高山茶园也生长着古茶树。此地海拔1700~2000米，属于亚热带高原型季风气候，年降水量1200~1400毫米，年平均气温20℃，面积约300亩。

YUNNAN
PU'ER
GU CHAYUAN
YU
CHA WENHUA
XITONG

第三章 捣茶松院深

“嫩芽香且灵”，但是从茶树发芽、采摘、加工到冲泡出一杯品质绝佳的茶，除了良好的茶树生长环境和栽培方式外，精湛的加工技艺也是重要条件。

唐天宝状元、著名诗人皇甫冉在其诗歌《寻戴处士》中写道：“车马长安道，谁知大隐心。蛮僧留古镜，蜀客寄新琴。晒药竹斋暖，捣茶松院深。思君一相访，残雪似山阴。”皇甫冉在天宝年间和大历初年在京都长安任职。以“耕山钓湖，放适闲淡”为乐趣的皇甫冉，虽身居繁华帝都，仍有其大隐之法。工作之余与琴、茶相伴，俨然都市大隐士也！戴处士可知皇甫冉的“大隐心”？皇甫冉期盼戴处士造访，以共品香茗。历代对于“捣茶”有两解：一指制作茶饼的一道工序，将采回的茶叶用杵臼和棍棒舂捣，以便入模做成圆饼状；一指煎茶的程序，茶饼经烤炙后用锤或棍棒敲碎，然后碾之。虽此处似是后者，但本书此章用以代指普洱茶的制作工艺。

第一节
茶叶采摘技术

在空气清新的古茶山，踏着晨露，迎着朝阳，带上箩筐，奔向古茶园，采摘茶树新发的春芽，春的气息扑面而来。

清光绪《普洱府志》中收录了宁洱县生员许廷勋作的《普茶吟》，该诗记录了普洱府春茶采摘的次数：“一摘嫩芷含白毛，再摘细芽抽绿发。三摘青黄杂揉登，便知粳稻参糠麸。”《普茶吟》中描述的普洱府采茶情况至今也是一样，春茶采摘分三次进行：第一次采摘的是头春茶，又叫明前茶，即惊蛰到清明节前采摘的茶叶；第二次采摘的称为二春茶，又叫雨前茶，即清明后至谷雨前采摘的茶叶；第三次采摘的是春尾茶，即谷雨后至立夏前采摘的茶叶。头春茶和二春茶比春尾茶内含物质更丰富，茶香馥郁，滋味甘甜鲜爽。

困鹿山古茶园春茶采摘
国正鹋 / 摄于2021年4月/

一、宁洱县困鹿山古茶园鲜叶采摘

如何采摘茶叶？柳宗元诗云：“晨朝掇灵芽。”可见，古人们一早就开始采摘茶叶的新芽。采茶也有学问，特别是作为皇家贡茶的茶叶采摘，要求特别严格。清代云贵总督鄂尔泰对普洱茶贡品的加工和包装进行了规范化整顿，促使普洱茶成为皇室新贵。清乾隆九年（1744年），普洱茶正式被清廷列入“贡茶案册”。据《普洱茶源——宁洱》一书调研：“普洱府城的老人们讲，采摘贡茶从太阳露脸开始，一旦太阳整个脸都露出来了就停止采摘，可以采摘的时间很短……要保留神气做好茶，也就是那么一点时间；采摘的人也有讲究，要年龄16~18岁的小姑娘，这个年龄的小姑娘是最有灵性的，她们才能采出好茶；采摘标准有具体的要求，无论单叶还是一芽一叶或二叶，芽叶一定要一致整齐。”[1]

随着古茶产品备受市场追捧，古茶树被过度采摘、不科学采摘等现象突出。为了保护古茶树这一珍贵资源，2017年12月20日普洱市人大常委会通过《普洱市古茶树资源保护条例》，其中规定：古茶树资源所有者、管理者、经营者应当按照技术规范对古茶树进行科学管理、养护和鲜叶采摘。对过渡型、栽培型古茶树应当采取夏茶留养的采养方式，每年的6—8月不得进行鲜叶采摘。

困鹿山古茶园古茶树采摘
国正鹛 / 摄于2021年4月/

困鹿山采茶歌
/高会娟授权提供/

[1] 周庆明：《普洱茶源——宁洱》，载宁洱历史文化抢救挖掘弘扬领导小组办公室编内部资料，2011，第47页。

二、澜沧县景迈山鲜叶采摘

清乾隆晚期，因车里宣慰使将公主婻桑秀嫁给孟连第21任土司刀派功，孟连土司已经能享用到景迈山的贡茶了。景迈山制作的贡茶，从采摘到加工要求极其严格。鲜叶必须保持一芽一叶，要求芽叶厚实、长势一致，而且只要春茶。当天采摘的鲜叶需当天加工，以保证它的新鲜度。

晒青茶则采摘茶树新鲜的嫩芽，以此作为原料。按采茶的季节可分为春茶、夏茶（又称为雨水茶）和秋茶（又称为谷花茶）。春茶、秋茶茶质最优，夏茶最次（且只能采摘嫩的部分）。鲜叶按等级可分为一芽一叶、一芽两叶和一芽三叶。老叶是无法使用的。

景迈山布朗族采摘鲜叶有一套自己民族的传统。每年春茶采摘前，要由部族头人先挑选一个黄道吉日，到选定的某一棵茶魂树前举行祭拜仪式，并由头人亲手采摘第一把春茶。采摘的茶叶必须当天加工。采摘茶叶时，要明确户与户之间的界限，不能越界越规采茶。

景迈山傣族采茶姑娘
/仙门提供/

景迈山芒景村古茶林茶魂树
/ 摄于2016年11月 /

三、普洱市思茅区思茅港镇茨竹林村老安寨古茶园鲜叶采摘

普洱市思茅区思茅港镇茨竹林村老安寨，是目前为止思茅区境内发现的唯一一处古树茶园。在老安寨的莽莽深山老林之中，有树龄300年左右的约280亩成片的古茶树。老安寨古茶园虽在“云南普洱古茶园与茶文化系统”中处于非核心区，但是它以优良的生态环境、良好的茶叶品质、多姿多彩的民族文化逐渐被世人认识。

老安寨古茶园每年采春茶和秋茶，也就是3—5月及9月、10月采摘。采摘标准是一芽二三叶。

四、普洱市其他古茶园鲜叶采摘

普洱市景谷县、景东县等还有大片的栽培型古茶园。每当春日来临，采茶的山歌唱响古茶山，古茶山呈现出勃勃生机！

老安寨古茶园布朗族采茶女采摘茶叶
曹加顺 / 摄于2020年6月 /

景谷县景谷镇文联村三财云高山茶园鲜叶采摘
刘松志 / 摄于2021年4月 /

老安寨古茶园布朗族采茶女采摘茶叶
曹加顺/ 摄于2020年6月 /

景东县景福镇古茶园鲜叶采摘
何仕华/ 摄于2021年4月 /

第二节 普洱茶传统制茶技术

困鹿山古茶园鲁大爹家鲜叶摊青
/ 摄于2017年10月 /

传统普洱茶是手工进行加工制作的，在鲜叶采摘之后，按以下程序制茶。

一、摊　青

茶青采下来后，首先要放在空气中，让它的一部分水分透过叶脉有序地从叶子边缘或气孔蒸发出来。这个过程称为摊青，是为下个工序的杀青做准备。这样就可以在一定程度上除去新茶的“青草味”。摊青可在室外或室内进行。

老安寨古茶园鲜叶摊青
/ 摄于2020年4月 /

二、杀　青

杀青是指用高温杀死叶细胞，使其停止发酵。目的是通过高温破坏和钝化鲜茶叶中的氧化酶活性，抑制鲜叶中茶多酚等成分的酶促氧化，使得茶本身的芳

困鹿山古茶园茶叶手工杀青
国正鹬 / 摄于2021年4月 /

香物质得以很好地挥发出来。杀青的主要方式包括炒青和蒸青两种。炒青就是下锅炒，也叫滚筒式。这种做法炒出的茶比较香。另外一种做法是蒸青，即用蒸汽把茶青蒸熟。用蒸青方式杀青的茶颜色比较翠绿，而且容易保留植物原来的细胞纤维。

景迈山景迈村芒埂寨景迈世家茶叶摊凉
阿刀 / 摄于2021年4月 /

三、揉 捻

杀青过后先将茶叶摊凉，然后揉捻。揉捻主要是使叶片在力的作用下组织细胞膜结构受到破坏，细胞壁破裂，使得茶多酚、儿茶素等茶叶的有效成分释出，并与空气中的氧气及其他有益菌结合，实现后续的转化。揉捻可使部分茶汁渗出，同时增加茶叶的表面黏度，调节茶叶水溶性物质的浓度，从而影响茶叶最终冲泡时的浓度。揉捻包括手揉捻、机揉捻和布揉捻。嫩叶要轻揉，揉时短。老叶要重揉，揉至茶叶基本成条索状为适度。

困鹿山古茶园鲁大爹家茶叶摊凉
/ 摄于2017年10月 /

四、晒 青

完成揉捻、解块工序的茶叶，通过干燥工序就可制成普洱茶之生毛茶。这个干燥程序在普洱茶加工工艺中即为晒青。把鲜叶均匀摊放在竹笳篱或晒青埕上，利用太阳光的照射热能和风吹萎凋，蒸发鲜叶的大部分水分，此工序是晒青茶的主要名称来源。晒青

困鹿山古茶园手工揉捻
/ 摄于2021年4月 /

一般一次完成，但少数含水量多、肥壮、叶色浓绿、青草味重的鲜叶也可采用两次轻晒青。晒青过程中要翻动茶叶数次，以保证茶叶晒得足够干。如晒青不够，会导致茶菁过度发酵，甚至会出现发霉的现象。完成晒青后，茶叶的颜色变成墨绿色或深绿色。最后挑拣出黄片和茶梗。

景东县景福镇景福山头茶晒青
何仕华/ 摄于2021年4月 /

奉祖家园茶叶公司精制
/仙贡提供/

困鹿山古茶园普洱茶晒青
国正鹡 / 摄于2021年4月 /

思茅区思茅港镇茨竹林村老安寨茶叶晒青
曹加顺/ 摄于2020年3月 /

第三节 普洱茶当代制茶技术

柏联普洱茶庄园侧门
/ 摄于2021年1月 /

我国茶叶的加工，在鸦片战争以前，一直停留在手工制茶阶段。据《湖北工业史》记载：1873年，汉口顺丰砖茶厂开始用蒸汽机器压制砖茶[1]。这不仅是湖北最早使用机器生产的近代工业企业，还是中国最早使用机器生产的制茶企业。中华人民共和国成立后，制茶机械化逐步推广普及，普洱茶在杀青、揉捻、压制等环节也出现了机器加工制作。茶叶加工机械化的普及，大大提升了普洱茶加工的效率。

在20世纪70年代，为了解决普洱茶自然陈化过程时间长的问题，相关科研人员成功研发了普洱茶渥堆发酵技术，以此适应市场对发酵普洱茶的需求。

一、当代机械化制茶技术

茶，是景迈山的一切。古老的茶园，深藏着千年的时光。位于澜沧县景迈山脚下的柏联普洱茶庄园，是一个以普洱茶为主题的茶特色庄园，其制茶坊展现了当代茶叶制作的生产理念与全套工序。

柏联普洱茶庄园制茶坊有着全钢架结构、全玻璃外墙和隔断的精制厂房，又

[1] 徐鹏航主编《湖北工业史》，湖北人民出版社，2008，第18页。

把具有云南傣族、布朗族民居特色的木材、茅草、小挂瓦、回廊、尖顶等元素自然地融入其中，与周围茶园浑然一体，既方便游客观光，又可以保证生产环境的整洁，缔造了一座集后现代建筑美感和傣族、布朗族民族特色于一体的“茶园里长出来的制茶坊”。柏联普洱茶庄园是一个传统与现代结合的景迈普洱茶庄园基地，在这里能呈现普洱茶从采茶、洗茶、揉茶、晒青、压饼、包装到储藏的全手工或机械加工的过程，也能使来访者体验普洱茶从茶叶到茶杯的全过程。柏联普洱茶庄园的设计理念彰显了云南茶类重要农业文化遗产在传承中的现代发展。

柏联普洱茶庄园制茶坊洗茶标识牌
/ 摄于2021年1月 /

柏联普洱茶庄园制茶坊洗茶机
/ 摄于2021年1月 /

柏联普洱茶庄园制茶坊摊青标识牌
/ 摄于2021年1月 /

柏联普洱茶庄园制茶坊摊青槽
/ 摄于2021年1月 /

柏联普洱茶庄园制茶坊杀青标识牌
/ 摄于2021年1月 /

柏联普洱茶庄园制茶坊杀青机
/ 摄于2021年1月 /

第四章 茶魂竹楼 普洱韵

第一节
布朗族山康茶祖节

布朗族是中国西南历史悠久的一个古老民族，也是云南特有少数民族。每年的四月中旬（农历的二月二十七至三月初一），也就是傣历的六月中旬，是澜沧县惠民镇景迈山上的布朗族人最盛大的节日——山康茶祖节。山康是南传上座部佛教的传统节日，与汉族的春节相仿，即除旧迎新。茶祖节则是布朗族原始宗教中的传统节日，族人们称之为“好够龙”。在茶祖节，族人们通过仪式表达对祖先的怀念与崇拜，并求得祖先的保佑。景迈山布朗族末代二头人的儿子，被誉为“布朗王子”的苏国文先生在《芒景布朗族与茶》一书中说：“山康茶祖节这个节日的第一至第三天为‘山康节’，由各村民小组自己组织活动，活动内容有民间歌舞联欢，接新水，送饭给老人，堆沙，滴水，统一为死去的人献饭。节日的第四天（也是最后一天）是‘茶祖节’，也是‘山康茶祖节’的高潮。”[1]

景迈山各族人民以茶为生，因茶而兴，感恩于茶。因此，布朗族、傣族每逢本民族新年节庆，都要举行祭祀活动，敬拜先民茶祖，世代传承，延续不断，孕育了古老而深厚的民族茶文化，从而使景迈山呈现出壮丽的千年万亩古茶林的茶文化景观。

景迈山茶祖庙
/ 摄于2021年1月 /

[1] 苏国文：《芒景布朗族与茶》，云南民族出版社，2009，第25页。

山康茶祖节来临之际，布朗族每家每户都要到佛寺浴佛，即象征性地将清水洒在佛像上，以示洗去佛像上的尘埃，祈求佛祖保佑全家，然后各家族成员向长辈行礼。各家各户分别备两包糯米粑粑，上面插一对蜡条和两朵鲜花，其中一小包作为祭品，另一包作为送入寺庙的百家饭供食用。山康茶祖节每隔三年还要举行一次大的剽牛活动，热闹非凡。由景迈山芒景村5个寨子的布朗族村民主办，其他村寨村民视情况参加。

2016年4月17日，由柏联集团投资恢复重建的茶祖庙在景迈山落成。上万群众在茶祖庙参加了“2016年景迈山祭茶祖暨茶祖庙落成庆典”，人们手持蜡条、茶叶，向茶祖、茶神、水神、树神、土神、昆虫神、兽神“一祖六神”敬献祭物。祭茶祖的传统在景迈山已经延续千年。

景迈山茶祖庙远眺
/ 摄于2021年1月 /

第二节
景迈山布朗茶文化传承人——苏国文

景迈山芒景村的布朗文化园是布朗族末代二头人苏理亚的儿子苏国文先生亲手建造的传承保护布朗族文化的家园，苏先生因此被人们亲切地称为“布朗王子”。布朗文化园也是山康茶祖节呼唤茶魂的宗教祭祀场所。在布朗文化园里的茶魂台前，族人们祭拜茶祖，为来年祈福纳祥。

景迈山芒景村布朗文化园大门
/ 摄于2021年1月 /

苏国文先生，1942年生，在景迈山家喻户晓，曾用名赛帕南勐（意为彩虹）。苏先生于1965年毕业于中央民族学院附中高中部，曾经在教育战线上工作40多年，懂5种少数民族语言和3种少数民族文字，为澜沧县的扫盲工作作出过积极贡献。1986年被评为云南省先进教师，1992年被评为全国民族教育先进个人，1995年被评为全国扫盲先进工作者。2004年，苏国文退休返回故乡景迈山芒景村定居。

苏国文先生多年来为保护传承布朗族文化作出了突出贡献。他遵照父亲遗命编写完成了《芒景布朗族简史》《芒景布朗族与茶》等书，抢救了珍贵的民族历史文化。其创建的布朗文化园中的帕哎冷馆中保存有祖先的塑像、传统压茶工具、祭祀所用面具、古老的布朗族日历等。

景迈山芒景村布朗文化园帕哎冷馆
/ 摄于2021年1月 /

景迈山芒景村布朗文化园一景
/ 摄于2021年1月 /

景迈山芒景村布朗文化园犀牛雕塑
/ 摄于2021年1月 /

景迈山芒景村布朗文化园犀牛雕塑前的碑刻
/ 摄于2021年1月 /

世居在景迈山的布朗族人每个“大星期”（每半个月一次）都会准时到布朗文化园院子中间的神柱前面“献饭”，一则反省或者忏悔半个月以来个人的言行不当之处，二则为祖先献祭。“献饭”后，苏国文先生还要诵经，祈祷族人平安健康、风调雨顺、五谷丰登。同时，还融会贯通、古为今用，及时将党和政府的惠民政策、景迈山申遗的点点滴滴传达给每一个族人。每年的冬至丰收节，人们还要聚集在布朗文化园，在苏先生的主持下举行庆祝活动。活动中有一个环节是把粗大的高竹竿直立起来，在竹竿顶上放一只木头做成的鸟，鸟头最后停留的方向就预示着来年开荒的方向。为了更好地传承布朗族传统文化，苏先生还把村里的布朗族成年男性聚集起来，利用空闲时间教授傣文，朗诵傣文佛经。除此之外，还在族人中传播以生物多样性为特征的布朗族传统茶叶栽培技术与理念。苏先生已经成为今天景迈山布朗族文化最重要的传承者、守护者与代言人。

景迈山芒景村布朗文化园茶魂台
/ 摄于2021年1月 /

景迈山芒景村布朗文化园茶魂台石碑
/ 摄于2021年1月 /

布朗文化园中正在抄录佛经的“布朗王子”苏国文先生
/ 摄于2021年1月 /

第三节 茶山民居建筑

景迈山芒景村芒洪布朗族干栏式民居样板房
/ 摄于2021年1月 /

“云南普洱古茶园与茶文化系统”中的古茶园遗产地，不仅天朗气清，草木颖挺，而且古茶山古村落的传统民居更有着民族的魂、文化的根。古村落的传统民居建筑不仅是一种物质产品，更是一件艺术作品。古茶山因古村落和传统民居的存在使自然与人文融为一体、建筑与环境相得益彰。让我们一起用建筑之眼发现茶山生活之美！

“架竹为楼竹径通，山光江濑揽无穷”，生活在“云南普洱古茶园与茶文化系统”中的布朗族、傣族等民族均以竹楼为传统民居。在云南，俗称为竹楼的民居属于干栏式建筑，是在木（竹）柱底架上建筑的高出地面的房屋。竹楼，顾名思义是以竹为主要材料建筑而成，不过实际中大部分是用木材建成。

一、布朗族民居

（一）澜沧县景迈山布朗族民居

在“云南普洱古茶园与茶文化系统”核心区的景迈山，世居的布朗族将“万物有灵”的民族茶文化信仰融入日常民居建筑的修筑中。茶叶栽培与贸易是布朗族主要的经济来源，茶叶对于布朗族的生存发展有着至关重要的影响，是布朗族生活中不可缺少的经济财富，可以说茶文化的发展与布朗族的生存密不可分。因此，布朗族先民对于茶有着特殊的感情。他们敬重茶树，视其为茶祖。为了纪念茶祖，表达对茶祖的感激与敬畏之情，他们将茶叶这一具象实物抽象成一种“一芽两叶”的图腾符号，作为民居建筑屋顶的装饰，用于民居的建造中，极具民族和地方特色。景迈山布朗族民居的建筑形式主要是干栏式建筑，布朗族的干栏式建筑经过演变改进，融入茶叶晾晒、加工、储藏的生产功能，使建筑的生活与生产功能相结合，体现了民族茶文化信仰与民居生活的密切相关。“一家盖新房，全寨来帮忙”，这是布朗族的一条古规。布朗族建盖新房一般选择傣历四五月间。建房时要进行一系列的祭祀和占卜活动。新房子落成后，主人家要举行贺新房仪式，宴请宾朋，唱“贺新房调”。

晚霞中景迈山芒景村翁基民居屋顶上“一芽两叶”图腾
/ 摄于2021年1月 /

景迈山芒景村翁基布朗族干栏式民居
/ 摄于2021年1月 /

景迈山芒景村翁基古寨寨心
/ 摄于2021年1月 /

景迈山芒景村芒景上寨布朗族末代大头人帕雅阿里亚（已故）的儿子南康（左三）一家人合影（背景为布朗族传统民居）
/ 摄于2021年1月 /

景迈山芒景村芒景上寨苏国文妹妹正在用传统方法揉搓棉线（背景为布朗族传统民居）
/ 摄于2021年1月 /

布朗族民居干栏式建筑都是竹木结构的竹楼。景迈山布朗族干栏式建筑民居又称吊脚楼，每户的主房3~5间不等，主房面阔8~10米，进深12~16米，面积150平方米左右，木柱，板壁，黑色方形挂瓦屋面。每户一般由主楼、晒茶台、独立的谷仓三部分组成。

主楼分上、下两层，上以栖人，下养家畜、堆放杂物。楼上四周或栅竹笆或围板壁。屋面为四方两台，用粗竹竿剖开两半铺设楼面。楼室门口一侧安置一架木梯，一侧设有阳台，可供晾晒衣物和谷物。楼上客厅对着正门有一方形大火塘，一家人生活在火塘旁边。儿子卧室设在进门的左或右墙边，女儿卧室设在父母卧室外间。

景迈山芒景村翁基古寨民居建筑大部分保留了传统布朗族风格，距今已有1000多年，是芒景布朗村寨中最古老的寨子。翁基在布朗语中是“看卦”的意思。翁基位于芒景山脉最北端的黑龙峰下，海拔1350米左右，距芒景村村民委

景迈山芒景村夕阳下的翁基古柏
/ 摄于2021年1月 /

景迈山芒景村翁基古柏标识牌
/ 摄于2021年1月 /

员会4千米。行政面积1175.53公顷，村寨建设用地面积3.92公顷。传说布朗族先祖带领族人迁徙到芒景时，不知道该把寨子建到哪里，于是找人来看卦选址，最终选定了现在的翁基。布朗族人建立村寨，自古就以人体为范本。他们建寨的指导思想是人有四肢和心脏，村寨相应地要有四个寨门和位于寨子中心的寨神桩，即寨心。寨心是氏族祭拜祖先和氏族长的地方，它主宰着全寨人的祸福与吉凶。

布朗族的村寨同傣族一样，建寨时总是围绕寨心布局。寨子达到一定规模时，会另选地方建新寨。此外，布朗族村寨一般为群落式布局，几个村寨围绕一座选定的神山兴建，而神山的山心即这几个村寨的中心，村寨的入口一般朝向神山的方向。寨心确定后再确定寨子的东、西、南、北门。

翁基古寨坐落于南向山脊，村内地势北高南低，村寨建筑沿山脊呈自然式分散格局布置，空间层次丰富。周边林木葱郁，特别是翁基古寺旁有一棵约2500年的古柏树，它与古寺相伴相生，村民称此为“古柏听经”，它见证了景迈山的历史变迁。

（二）普洱市思茅区思茅港镇茨竹林村古茶山布朗族民居

普洱市思茅区思茅港镇茨竹林村的主要产业为茶叶，茨竹林老安寨古茶园是从布朗族先民那引种开垦的茶园。茨竹林村下辖15个自然村，其中芒坝、芒蚌等均为布朗族村寨。老安寨现为彝族村寨，但因山体滑坡，老安寨已经整体搬迁，村民全部住进了新建的现代住宅。

近年来，茨竹林村芒坝古寨因备受大众青睐的大紫胸鹦鹉声名鹊起，又被叫作“鹦鹉寨”。芒坝坐落在糯扎渡省级自然保护区内，这里生活着63户（2022年）布朗族村民。村内十多棵四季常绿的参天榕树，被奉为山寨的护佑之树、平安之树、祥瑞之树！有数百只野生大紫胸鹦鹉在树上栖居。大紫胸鹦鹉与芒坝村的村民朝夕相处，世代同居，可谓“处处闻啼鸟”“人来鸟不惊”！

茨竹林村芒坝陶三家
/ 摄于2020年12月2日/

茨竹林村芒坝的参天大榕树
/ 摄于2017年7月/

茨竹林村芒坝周其华家
/ 摄于2021年3月2日/

景迈山景迈村勐本仙门家傣族传统民居屋顶的装饰图腾
/ 摄于2021年1月/

景迈山景迈村勐本寨心
/ 摄于2021年1月/

21世纪的芒坝，随着脱贫攻坚任务的完成，新民居拔地而起，但也仍有部分布朗族传统民居留存。布朗族竹楼民居由于建筑材料以竹木为主，其一般可住10~20年不等，每隔2~3年便要用茅草翻盖一次。截至2022年，茨竹林村的芒坝布朗族村寨只留存有12栋传统民居仍在使用，而且这12栋传统民居的房顶也改为使用挂瓦或琉璃瓦，以延长民居的使用寿命。

二、傣族民居

傣族基本是近水而居，架竹为房，也就是说，住的都是以竹子为主要建筑材料的干栏式竹楼，俗称“傣族竹楼”。

竹楼的高和占地面积因居住地不同而各异。景迈山傣族民居平均占地面积约158平方米，建筑面积约138平方米。形如凤凰展翅，分上、下两层。上层是主人的居室，一般由前廊、堂屋和卧室组成。堂屋设在木梯进门的地方，比较开阔，在正中央铺着一片大竹席，是招待来客、商谈事宜的地方。堂屋的外部设有阳台和走廊，阳台上放着傣家人最喜爱的打水工具——竹筒、水罐等，这里也是傣家妇女做针线活的地方。堂屋内一般设有火塘，在火塘上架一个三脚支架，用来放置锅、壶等炊具，是烧饭做菜的地方。下层架空，拴牛马或放置农具。

较为古老的竹楼全都以竹子和茅草作为建筑材料，即柱子、横梁、围墙，全都用竹子，屋顶以茅草编成排覆盖。到了近代，大多数干栏式建筑，都已改为木瓦结构。傣族近代民居桩柱负重，木构架歇山顶，屋面大而斜陡，有重檐防雨遮阳。

景迈山傣族和布朗族传统民居结构相似，但细节上却有区别。最为显著地，傣族屋檐博风口以黄牛角作为装饰符号，而布朗族则饰以大叶茶“一芽两叶”的符号。除此，民俗也有不同，如傣族建筑主房内会选择两根柱子作为神柱，分别代表男性和女性，其中男性神柱所在是家庭祭祀的场所。

景迈傣寨均围绕寨心布局。另外，还必须有佛寺和神树等重要元素。寨心设在各村寨的中心位置，不仅是当地傣族村民用来祭祀寨神的地方，也是远古流传下来的民族或部落的象征。寨心由祭台和祭台上象征佤族、傣族、布朗族、拉祜族和哈尼族民族团结的五根寨神柱组成。寨心由负责村寨祭祀、占卜等事务的神职人员“安章”专门管理，它是这寨子的保护神，是傣族村民原始宗教信仰中对自然崇拜的集中反映。

景迈山傣族民居围绕着寨心由内向外依次扩展而建，上下成行，左右成排，且每户的道路出口和门口都朝着寨心。排与行之间是整洁的巷道，顺次延伸至每户民居，并且直通寨心，构成完善的交通网络。

景迈山景迈村糯岗傣寨介绍
/ 摄于2021年1月 /

景迈山景迈村糯岗傣寨周围山上的古茶林
/ 摄于2021年1月 /

景迈山景迈村糯岗傣寨全景
/ 摄于2021年1月 /

景迈山景迈村糯岗傣寨傣族凉亭
/ 摄于2017年8月 /

景迈山景迈村糯岗傣寨傣族民居
/ 摄于2021年1月 /

傣族传统民居风格酒店——奉祖家园
/仙贡提供/

景迈山傣族不仅完整保留了传统的民居建筑，而且还保留了传统的建房习俗。按照当地风俗，村民砍木料、建房都要过了开门节（傣历十二月中旬至第二年的九月中旬）才可以进行。建房的首要任务就是砍木料、备料子，其中砍木料最关键的是找用作神柱的两棵树。第一棵要选“迈过”（黄栗树），第二棵要选“迈登”（麻栗树）。砍树之前由寨子里的老人进行祭祀，在砍树之后，需要将木料抬回寨子，然后是择地基、平地基、竖柱、上屋架、盖屋顶、生火塘、进新房、搬家、设宴招待等，如此建房、搬家才算告一段落。这一系列的过程，每一步都需要寨子中有声望的老人测算日子时辰，举行各种仪式等。这种古老的建房仪式充满了对自然的敬畏。

景迈山景迈村糯岗傣寨寨心
/ 摄于2021年1月 /

糯岗傣寨位于白象山脉西部的糯岗山下，是景迈山申报世界文化遗产区内保存最完好的傣族传统村落，海拔1450米，距景迈大寨6千米，村寨面积1635.73公顷，村镇建设用地面积11.38公顷。糯岗古寨历史悠久，原名“糯坎”（傣语音译，“糯”为水潭，“坎”为金子，意为金子掉入水潭的地方），后引申为糯岗。糯岗老寨是遗产区内傣族传统村落，是景观格局最鲜明、保存最完好的村寨。在糯岗老寨153户（2016年）居民的民居中，有传统建筑124栋，占老寨居住建筑总数的90%。村寨选址于糯岗山下的小盆地内，背山面水，四周有古茶林和竜林分布。

景迈山景迈村芒埂“奉祖家园”品茶房
/ 摄于2021年1月 /

糯岗古寨围绕寨心呈典型的向心式布局，村寨中心即为寨心，寺庙位于北侧山麓高处。因相对地势较低，溪流湖泊在此汇聚。村落中水系顺应建筑肌理，最终在村口汇聚形成水面。村寨内小巷顺应地形高低弯曲，形成生动多变的巷道空间。因地形独特，环境优良，茶林满布，这里是区域内著名的长寿村。

景迈村芒埂寨子也是一个傣寨，其中的“奉祖家园”将传统傣族建筑风格与现代建筑特色相结合，在进入景迈山的车道边建造起一座傣族风情酒店，酒店内的竹楼、庭院、火塘和大榕树等傣家元素，用浓浓的傣家传统建筑语言欢迎着远道而来的游客。

景迈山景迈村芒埂“奉祖家园”飞来的孔雀
/ 摄于2017年8月 /

景迈山景迈村芒埂“奉祖家园”的傣家火塘
/ 摄于2021年1月 /

宁洱县宁洱镇宽宏村困鹿山小组彝族传统民居
汪云刚/ 摄于2011年/

三、彝族民居

在云南省，彝族分布范围也比较广。因此，彝族民居为适应不同地区的自然地理条件和气候，或受其他民族的影响，而显得类型比较复杂。一般来说，彝族民居类型可以分为以下几类：瓦房、土掌房、闪片房、垛木房、茅草房等。在云南茶区，彝族分布也较为广泛，彝族为传承云南茶历史文化遗产也作出了积极的贡献。普洱市宁洱县宁洱镇宽宏村困鹿山小组和普洱市思茅区思茅港镇茨竹林村老安寨等茶山的传统民居均为彝族民居。为了保护古茶园及生态搬迁等，这两地的彝族现均已搬进新房。两地彝族传统民居均已拆迁，笔者有幸留存了困鹿山小组传统民居的照片，其主要为瓦房。

四、汉族民居

云南多山，各民族“大杂居，小聚居”于山峦之间。普洱因茶闻名，茶马古道沿线多有汉族因参与茶叶贸易而定居于此。“云南普洱古茶园与茶文化系统”遗产地内汉族村落依山而建，按照等高线水平延伸。民居建筑为土木穿斗式梁架结构，墙体材料来源于自然土壤，色彩与大地融洽。屋顶双层带遮阳檐廊，正房屋顶用小青瓦覆盖。二楼用于存放粮食。正房和辅助用房高低有别，大小不同，参差错落，别具乡土质朴敦厚之美。

普洱市思茅区思茅港镇茨竹林村，汉族传统民居多建于30多年前，因村民普遍采用松木作为承重梁柱的材料，所以大部分老屋已经成为危房，居民已搬迁。茨竹林村村委会计划引进资金用于传统建筑保护和旅游开发项目管理。

五、茶山移民新居

（一）镇沅县九甲镇千家寨移民新居

镇沅县九甲镇千家寨地区，村民建盖房屋传统上以泥土为主要墙体建材，民居基本为平房，青瓦屋顶。过去的千家寨景区旁的和平村山高坡陡，当地人曾用“丢个石头不会响”来形容和平村落后贫困的面貌。村民中少数民族约占41%，其余为汉族。村民长期以刀耕火种方式来维持生计，主要种植玉米。近年来，乘着乡村振兴的东风，和平村党总支和村委会带领全村干部群众，把一个“一穷二白”的贫困村，建成了当地小有名气的产业兴旺村。

为了保护好哀牢山国家级自然保护区的青山绿水，千家寨所在的镇沅县九甲镇和平新村实施了生态移民搬迁。2012年，当地茶农搬迁至新居，新居基本为平房，青瓦房顶，院落中有配套卫生间设施，并可晾晒粮食与茶叶。千家寨1号野茶树的发现者罗忠生家就居住在和平新村移民搬迁点。

（二）宁洱县宁洱镇宽宏村困鹿山古茶园移民新居

为了更好地保护古茶园和保障茶山村民的生命财产安全，2012年以来，宁洱县在宁洱镇宽宏村困鹿山小组实施了生态移民搬迁项目，把困鹿山小组古茶园中的21户村民，全部搬迁到距离古茶园1千米多的地方。新的安置点为村民建盖了每户均为两层楼的新房，并专门设计了晾晒茶叶的露台。当地政府整合各

茨竹林村回炳河小组老屋
/ 摄于2021年3月 /

和平新村移民新居
李美永 / 摄于2021年4月 /

和平村大石房小组吊水片区新公厕
李美永/ 摄于2021年4月 /

困鹿山小组移民新居
汪云刚/ 摄于2021年4月 /

级各类资金，投入近2000万元，完成了地基平整、民房建设、支砌挡墙、人畜饮水管道、公厕、垃圾池、生活用电、庭院美化和文化活动室等建设工程。困鹿山小组村民生活环境得到了极大的改善，同时也保护了困鹿山古茶园的生态环境，减少了人类生产生活对古茶园的影响。

（三）普洱市思茅区思茅港镇茨竹林村老安寨古茶园移民新居

普洱市思茅区思茅港镇茨竹林村老安寨小组属于地质滑坡灾害点，为了安全起见，所有村民分两次进行了生态移民搬迁。2003年第一次搬迁，主要资金来源为国土局、扶贫办资金；2014年进行了第二次搬迁，整合了扶贫、国土、地震恢复重建等资金，实现了所有村民搬迁到新定居点。

老安寨移民新居考虑到茶山晾晒茶叶的需要，在民居二楼设计了可以晾晒茶叶的露台。新居既满足了生活的需要，也充分考虑了茶农们的生产需要。

茨竹林村老安寨小组新搬迁民居
/ 摄于2021年3月 /

第四节 佛寺建筑

据西双版纳州出土文物考证，公元5世纪以前，南传上座部佛教已经传入云南傣族地区。景迈山傣族和布朗族都信仰南传上座部佛教，几乎每个寨子都建有一座佛寺和佛塔，且各村寨中的佛寺和佛塔有高低等级之分。景迈山村寨中的佛塔是村民们精神信仰的集中体现。

南传上座部佛教的佛寺和佛塔一般都建在距离寨心不远的地方，它是村民进行佛事等宗教活动的重要场所。进入佛寺有严格的要求，必须脱鞋，而且年轻妇女是不能进入佛寺的。在傣族赕佛的日子里，村寨的老人们都要到佛寺里去听经和滴水，以示祭祀亲人，缅怀先祖。

景迈山布朗族村寨内也基本都有寺庙，过去还有专人来管理，管理的“佛爷”也有专门的等级。目前，除翁洼外，其他布朗村寨均建有佛寺。

景迈山的佛寺一般都称为缅寺。佛（缅）寺多建在村寨的最高坡上，以落地重檐多坡面平瓦建筑为主。缅寺主要由大殿、僧舍、鼓房、戒堂和藏经楼组成。大殿地基呈长方形，是整个缅寺建筑的主要部分，屋顶盖瓦，呈单檐或重檐歇山式。景迈山翁基古寨佛寺最具传统佛寺的特点，建筑在翁基古寨的制高点上。佛寺内有佛像，坐北朝南。大佛左边有小神龛楼，右边置一小佛塔。柱梁上画满各种各样的金黄色几何图案，房梁四周挂满了群众赕来的精制经幡。屋外墙上装饰有各种图案。

景迈山芒景村翁基古寨佛寺标识牌
/ 摄于2021年1月 /

景迈山芒景村翁基古寨佛寺正门
/ 摄于2021年1月/

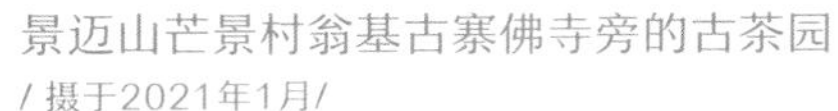

景迈山芒景村翁基古寨佛寺旁的古茶园
/ 摄于2021年1月/

景迈山芒景村翁基古寨佛寺大殿前的古茶树
/ 摄于2021年1月 /

1950年9月，景迈山布朗族末代二头人苏里亚参加首批民族上层人士参观团，赴北京参观[1]。他把景迈山古树茶敬献给了毛主席。据说，其中有的茶叶就采自上图翁基古寨佛寺旁这株古茶树及其旁边古茶园内。这袋茶有4.9千克，取1949年中华人民共和国成立之意，寓意国泰民安。2001年，在上海召开的亚太经济合作组织（APEC）会议上，中国政府将景迈山茶叶作为国礼之一，送给与会各国元首。2008年，景迈山茶叶还被选为“北京奥运会国礼用茶”——国茶1号，作为奥组委送给各国元首和代表团团长的国礼。

[1] 云南省澜沧拉祜族自治县编纂委员会编《澜沧拉祜族自治县志》，云南人民出版社，1996，第690页。

景迈山芒景村芒洪寨内有一著名的南传上座部佛教佛塔——八角塔，始建于清康熙年间，是全国重点文物保护单位。

芒洪寨的八角塔为重檐攒尖顶八边形佛教石塔。由塔基、塔身和塔顶组成。石塔高5.8米。塔基为砂岩，八方须弥座式。八角塔塔基高1.6米，塔身高2.1米。檐口八角起翘，檐上描绘有古代兵器图案。塔身为空心，用于收藏经书。八角塔北向设门。塔上有23块石雕图案，其中第一层有8幅，第二层有7幅，第三层有8幅。图案融合、借鉴了佛教、道教和儒家文化。既有佛教“释迦牟尼菩提树下悟道”，又有汉族民间传说“鲤鱼跃龙门”，还有道教“暗八仙”图案。反映了清代景迈山不同民族、不同地域和不同文化的交流融合。整座佛塔建筑风格独特，具有很高的文物价值。

布朗族村寨中的社房主要是宗教活动用房，既用于供佛，平日还堆放一些过节要用的东西。

景迈山的傣族村寨一般有四棵具有不同象征意义的树，这些树被村民们称为“神树”，是当地世居民族精神信仰的一种物质载体。第一棵树为“迈哄”，即大榕树，它通常栽在寨子头或进入寨子的主要路口，是保护寨子的最大树神。当你行走在傣族地区的郊野，遇到路口有大榕树矗立时，你就能知道，这是到了傣族村寨的村口了。布朗族村寨入口通常也种植有大榕树。第二棵树是“迈细利”，又称佛树或菩提

景迈山芒景村芒洪寨简介
/ 摄于2021年1月 /

景迈山芒景村芒洪寨八角塔
/ 摄于2021年1月 /

景迈山景迈村景迈大寨景迈佛寺标识牌
/ 摄于2017年8月 /

树，通常种在佛寺旁，保佑全寨平安吉祥。第三棵树是“迈发共”，即鸡爪菜树，一般栽在寨子下方，也可以栽在寨子里的房前屋后，用以保佑全寨人丰衣足食。第四棵树为“迈发散”，这种树一般栽在寨心旁，并加以精心保护。在建新房或建寨纪念日吃“发散”菜，期望家族兴旺、村寨昌盛。景迈村景迈大寨的这些神树依旧保存完好。勐埂的大榕树位于进入景迈山必经之路的“奉祖家园”院墙边。勐本的“牵手福”大榕树位于勐埂进入勐本的村道旁。其他村寨也有一些神树留存至今。

景迈山芒洪寨八角塔旁的社房
/ 摄于2021年3月 /

景迈山景迈村景迈大寨景迈佛寺
/ 摄于2017年8月 /

景迈山景迈村景迈大寨景迈佛寺旁的菩提树
/ 摄于2017年8月 /

景迈山景迈村景迈大寨的寨心
/ 摄于2021年1月 /

景迈山景迈村勐本寨牵手福标识牌
/ 摄于2021年3月 /

景迈山景迈村勐本寨牵手福
/ 摄于2021年3月 /

景迈山景迈村勐本村佛寺
/ 摄于2021年3月 /

景迈山景迈村芒埂寨佛寺
/ 摄于2017年8月 /

YUNNAN
PU'ER
GU CHAYUAN
YU
CHA WENHUA
XITONG

第五章 茶饼嚼时香透齿

“茶饼嚼时香透齿，水沈烧处碧凝烟。纱窗避著犹慵起，极困新晴乍雨天。”唐代李涛的诗句描绘出这样的诗人日常生活：晨曦中，慢慢嚼着茶饼开启一天的美妙时光，茶香仿佛透齿而过，沁入口鼻；于是烧水煮茶，只待水沸、烟凝、翠涛起。薄纱小窗微透晨光，慵懒而不愿起床；正是困倦之极，天气却是新晴乍又雨。杯中浮晃着淡碧，轻烟散着温热，在这慵懒而极具闲情逸致的日子里，慢慢品味茶汤，尽显恬淡与清静的人生追求。

陆羽在《茶经》中云：“茶之为饮，发乎神农氏，闻于鲁周公。”[1]“饮有粗茶、散茶、末茶、饼茶者。”[2]“云南普洱古茶园与茶文化系统”遗产地如今主要以加工散茶和饼茶为主，兼及方砖等。

[1] 朱自振、沈冬梅、增勤编著《中国古代茶书集成》，上海文化出版社，2010，第10页。
[2] 同上。

第一节
古普洱府斗茶文化

宁洱县城城南仿明、清风格的普洱古镇城楼
/ 摄于2021年1月 /

清雍正七年（1729年），清政府正式在普洱设府，即今之谓“古普洱府”，府治在今宁洱县。普洱府因普洱茶而得名，普洱山、普洱府、普洱贡茶等孕育了宁洱传承至今的斗茶文化。

斗茶，即比赛茶的优劣，又名斗茗、茗战。始于唐，盛于宋，是古代士大夫阶层富有趣味性和挑战性的生活乐事，宋代唐庚有《斗茶记》一文传世。2018年9月30日，宁洱县成立了古普洱府城斗茶协会，王天先生担任首任会长。

宁洱县古普洱府城斗茶协会每周五在普洱一山香仓储管理有限公司的仓库内举行一次斗茶活动（疫情期间有间断），参与斗茶的茶品来自全国各地，有散茶和紧压茶等。斗茶茶品需经大众评委（30%）和专业评委（70%）评审品评，获奖茶品发给相应的等级证书。斗茶分为周赛、月赛和年赛。参与年赛角逐的是每期月赛前两名的茶品。

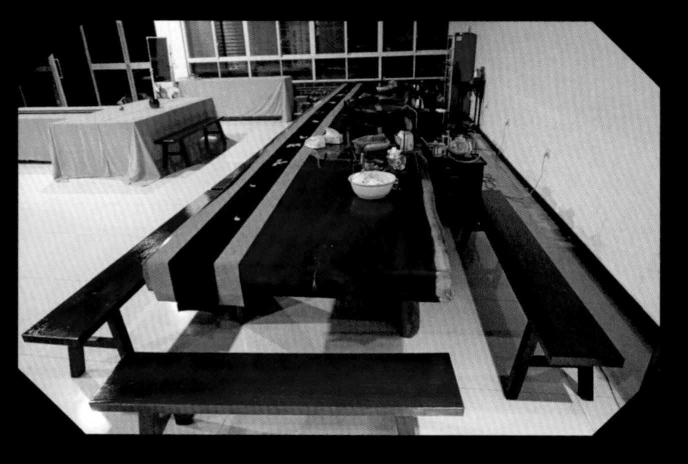

古普洱府城斗茶协会斗茶地点——一山香公司内的斗茶桌（图左黄色桌布覆盖）和长8米、宽1.4米的非洲红花梨大板桌
/ 摄于2021年1月 /

困鹿山烤茶

古普洱府城斗茶协会斗茶比赛桌
/ 摄于2021年1月 /

第二节
农业文化遗产结晶——普洱茶

在2021年中国茶叶区域公用品牌价值评估中，普洱茶品牌价值73.52亿元，位居中国第二。云南普洱茶按照加工工艺分为普洱茶（生茶）和普洱茶（熟茶）两大类；普洱茶按形状不同分为普洱茶散茶和普洱茶紧压茶两种类型。普洱生茶散茶（即晒青毛茶），分为特级和1~10级，共11个级别；普洱熟茶散茶，分为宫廷普洱、普洱礼茶、特级、1~10级、普洱金芽等，共14个级别。普洱紧压茶依形状的不同，分为碗形的普洱沱茶、长方形的普洱茶砖和圆形的饼茶。

“云南普洱古茶园与茶文化系统”遗产地核心区的景迈山，传统的茶叶加工制作产品主要有茗、窝窝茶（人头茶）、贡茶、竹筒蜂蜜茶、布朗葫芦烤茶、竹筒茶等。这些茶都采自千年古茶树，有着独特的滋味、优良的品质，是中国普洱茶中珍贵的茶品。

茗的制作方法是将古茶鲜叶蒸青，装入竹筒埋入土中，3个月后取出，茶叶味酸，即酸茶。茗有两个用途，一是食用，二是祭祀。布朗族传统文化认为，用茗祭祀，就可以与神、茶祖以及自己民族的先民们对话。

当代“云南普洱古茶园与茶文化系统”遗产地，茶叶主要加工制作为普洱茶、红茶和白茶等茶类。普洱茶的制作又分为生茶、熟茶、散茶、紧压茶等。以下图片主要为遗产地不同形状的普洱茶产品。

普洱市博物馆藏品——奥运国礼茶2号
/ 摄于2021年1月 /

普洱市博物馆藏品——澜沧古茶有限公司生产的部分茶品
/ 摄于2021年1月 /

普洱市博物馆藏品——普洱茶膏
/ 摄于2021年1月 /

普洱市博物馆藏品——普洱茶方砖
/ 摄于2021年1月 /

普洱市博物馆藏品——澜沧古茶有限公司生产的部分茶品
/ 摄于2021年1月 /

普洱市博物馆藏品——困鹿山紧压茶饼
/ 摄于2021年1月 /

普洱市思茅区思茅港镇茨竹林村老安寨古茶树紧压茶饼
/ 摄于2021年1月 /

景迈人家普洱茶生茶和熟茶茶饼
/ 摄于2021年4月 /

困鹿山古树茶饼
国正蔚/ 摄于2021年5月 /

景迈山2016年春茶生茶饼
/ 摄于2021年5月 /

何仕华签名的版比腊告2017年熟茶饼
/ 摄于2021年5月 /

用景谷县秧塔大白茶制作的普洱茶
杨建华 / 摄于2022年2月 /

宁洱县笋壳包装普洱沱茶
/ 摄于2021年9月 /

第三节 烹茶尽具

林语堂先生在《谈茶与友谊》中云："真正爱喝茶的人觉得把玩煮茶和喝茶的用具，便是一乐趣。"[1]烹茶尽具，其乐无穷。在"云南普洱古茶园与茶文化系统"遗产地博物馆，收藏了一系列各种时代和不同材质的茶具，展现了茶文化丰富多彩的另一层面。

为了展现茶叶本真的品质，在"云南普洱古茶园与茶文化系统"遗产地古茶山，茶农们用最普通的透明玻璃茶具招待宾朋，茶具也透露着茶农们质朴纯真的性格。

景迈山布朗族烤茶还有其独具特色的葫芦烤茶用具，今天已经不多见，但在布朗族末代大头人帕亚阿里亚的儿子——南康先生家，笔者有幸见到了火塘边的布朗族葫芦烤茶用具。

普洱市博物馆藏品——茶具
/ 摄于2021年1月 /

[1] 林语堂：《生活的艺术》，安徽文艺出版社，1988，第196页。

景迈山景迈村勐本寨仙门家的茶桌与茶具
/ 摄于2017年8月 /

普洱市博物馆藏品——茶具
/ 摄于2021年1月 /

景迈山芒景村南康先生家用布朗族传统烤茶器具——茶壶、火塘、葫芦，制作葫芦烤茶
/ 摄于2021年1月 /

布朗族传统烤茶制作，首先点燃火塘，用茶壶烧开水，同时把炭火和茶叶放入葫芦瓢内，摇动翻搅瓢内的茶叶和炭火，直到将茶叶烤香。然后将茶叶倒入陶罐，加开水后放在炭火上煮沸。煮沸后倒入土碗中，香喷喷的普洱茶就可以饮用了。如今，景迈山布朗族、傣族已经从葫芦烤茶发展为陶罐烤茶，配上火塘边烤得喷香的干巴，围着篝火跳起民族舞蹈，茶山与世无争的世外桃源生活怡然自得。

景迈山芒景村翁基古
寨施施民宿茶室
/ 摄于2021年1月 /

在烤茶的身穿哈尼族服饰的姑娘
/ 摄于2021年1月 /

景迈山芒景村翁基古寨施施民宿的火塘、土碗与烤茶
/ 摄于2021年1月 /

景迈山芒景村翁基古寨施施民宿夜晚跳起的民族舞蹈
/ 摄于2021年1月 /

YUNNAN
PU'ER
GU CHAYUAN
YU
CHA WENHUA
XITONG

第六章 古道幽幽 酥茶香

云南的茶类重要农业文化遗产，千百年来在茶马古道这一不同民族间文明传播的纽带中默默地走向远方，走进不同民族的历史血脉。古道幽幽，诉说着文明的交流；一处处茶马驿站，留下了许多动人的故事与传说；千年古道，还孕育了马帮美食、酥茶飘香的滋味生活。

普洱市宁洱县那柯里大茶马古道示意图
/ 摄于2017年7月 /

第一节
茶马古道文化遗产

茶马古道既是以马帮为主要交通工具的民间国际商贸通道，还是重要的文化交流传播通道。中国西南的茶马古道集古道沿线的自然风光与人文景观于一体，将中原华夏文明、青藏高原文明以及东南亚、南亚各国的民族与文化连接在一起。

茶马古道最初就是一个学术概念，最早由云南大学木霁虹、陈保亚等“六君子” 在1990年7—10月于滇川藏交界地带进行田野考察时初步酝酿。

1992年，忠实记录此次考察经历和研究成果的《滇藏川“大三角”文化探秘》一书由云南大学出版社出版，正式提出了“茶马古道”的概念。由此，“茶马古道”这一概念进入学术研究领域，并开启了学术界对茶马古道沿线的政治、经济、文化、历史、科技、文学、建筑、艺术、风俗、民族和宗教等众多领域的研究。

学术界第一篇茶马古道研究论文《茶马古道的历史地位》由“六君子”之一的前云南大学教师、现北京大学教授陈保亚在1992年《思想战线》第3期发表。

1993年，木霁弘等六人的联名论文《“茶马古道”文化简论》刊发，提出三条茶马古道：从青海到西藏的“唐蕃古道”、从四川到西藏的“茶马互市”古道、从云南到西藏的“茶马古道”。

“茶马古道”概念产生后的前十年影响并不大，只是在小范围的学者间作为学术概念流传，并没有引起大众太多的关注。

2000年后，随着影视、互联网等大众媒介的介入，加上茶马古道上的货物——普洱茶的热销，尤其是以“茶马古道”为主题的旅游路线推出，它才逐渐深入千家万户，并最终成为云南乃至中国西南地区的文化资源。

2009年之后，茶马古道从文化符号营销向遗产保护利用聚焦。2009年，中国茶马古道研究中心秘书长杨杰表示，中心计划年底将茶马古道申报为中国非物质文化遗产，2010年准备申报世界文化遗产。茶马古道正式开始了漫长的申遗之路。2010年8月，中央电视台还首播了27集电视连续剧《山间铃响马帮来》，助推茶马古道热，至今在CCTV节目官网上仍然能观看整部剧集。

2013年，云南大学人文学院教授、茶马古道文化研究所所长木霁弘在云南历史文化论坛上接受记者采访时透露，茶马古道申请世界文化遗产将在丝绸之路申遗后进行，目前线路制定、确认保护文物等前期申遗工作已完成。

2013年12月28日，在云南、四川、西藏三省区申报中国茶马古道世界文化遗产首次联席会议上，滇、川、藏三省（区）参会人员共同签署了《丽江宣言》。此后，茶马古道申遗开始了滇、川、藏三省（区）

普洱茶马古道旅游景区

刘永临 / 摄于2021年5月 /

协同行动。

茶马古道博物馆、艺术馆、景点和主题酒店也在古道沿线与日俱增，遗产保护利用形式多样。自2003年在丽江市束河古镇建立第一家专门的茶马古道博物馆起，云南茶马古道沿线各种民间的或大或小的博物馆如雨后春笋般出现，如丽江马帮路民族文化艺术馆、云南香格里拉肯公聪奔茶马古道文化博物馆等。

普洱市、宁洱县等地相继建成了茶马古道景区、那柯里茶马驿站景区。那柯里茶马驿站景区依托荣发马店，在其显著位置设有茶马古道用品展示区。

大理、丽江、香格里拉等地的茶马古道遗址或沿线古镇也进行了旅游景点开发建设。如大理剑川沙溪古镇就是茶马古道上唯一幸存的古集市。

2018年，云南省图书馆招标建设茶马古道专题数据库项目，对茶马古道遗产进行文化保护。

2019年，云南省政协委员、云南省文化厅原厅长黄峻在“两会”上表示：“茶马古道申遗涉及面广、过程复杂，目前正在国家文物局牵头下开展工作。”可见，保护茶马古道的建议已经得到国家层面的重视，成为下一步云南申遗的重要内容之一。

云南茶类重要农业文化遗产地的普洱市和双江县，均有茶马古道遗址保留下来，并得到了不同程度的保护开发与利用。

茶马古道是一条承载茶马贸易历史的道路，其部分路段开创可见诸史籍记载。例如，道光和光绪《普洱府志》均记载有斑鸠坡条目。此条目云：“普洱（今宁洱，笔者注）入思茅古道甚险。康熙二十年（1681年，笔者注），车里有神象出普，夷人迹之。自普而返，象从一高岭奔。行人步追之，遂成通道，即今之斑鸠坡，也今普籐河畔有象足迹大如斗。”从此条史料可以看出，康熙二十年，茶马古道中今宁洱至普洱市思茅区段斑鸠坡道路开创的时间和成为通道的原因。斑鸠坡茶马古道遗址至今保存比较完好，有11千米长的路段，因古道山上斑鸠鸟多而得名。起点位于普洱市思茅区的腊梅坡，向北到达一个叫坡脚村（白嘟祺）的茶马古道驿站。这是一个彝族村寨，有20多户人家。这个村子就位于普洱市思茅区与宁洱县的交界处，再向北就进入宁洱县地界。从坡脚至腊梅坡，从11千米开始，每隔1千米，就有一个修复古道时加入的里程碑标志。古道由大小不一的石头铺就，道边杂草丛生，周边植被茂密，绿意茵茵。道路两旁，不时出现一片片修剪整齐的茶树。茶园、野花、杂草、茂林、飞鸟、山峦相映成趣，行走其间，甚是享受。斑鸠坡茶马古道已经被列为思茅区保护文物。斑鸠坡茶马古道南端终点的腊梅坡，已经建设了普洱茶马古道旅游景区。

第二节 古道遗址

学术界认为，自晚唐始，茶逐渐成为每个藏族人饮食结构中不可缺少的一部分。但其实根据考古发现，西藏贵族自西汉起就已经开始享用茶叶。2014年，被评为中国十大考古发现的西藏阿里故如甲木墓地和曲踏墓地，考古发掘出距今1800年左右的茶叶。茶马古道分为滇藏线、川藏线和青藏线。作为不同民族间文明传播通道的茶马古道曾经马帮如织，古道边的一座座茶马驿站温暖着来往客商旅途寂寞的心。

宁洱县茶源广场
/ 摄于2021年1月 /

一、茶马古道起点

滇藏茶马古道始于普洱市宁洱县。2015年6月27日，“茶马古道源头地理标识”石碑落成于宁洱县茶源广场。石碑高4.1米，宽3米，厚0.7米，刻着经度、纬度、海拔的地理信息及茶马古道简介。北有丝绸之路，南有茶马古道。据《普洱府志》记载：以普洱府为中心，共有5条茶马古道。第一条是通往北京的官马大道。第二条是途经大理、丽江、香格里拉，最后到达拉萨的滇藏茶马古道，可谓是海拔最高、通行难度最大的古道。这条古道今天在大理市、丽江市和迪庆州等地都有保留下来的部分路段遗迹。还有3条分别通往老挝、越南和缅甸。茶马古道成为民族间文化传播的纽带，古道网络的繁荣让酥茶飘香，茶文化也随着古道传播到远方。

宁洱县茶源广场茶马古道零公里处
/ 摄于2021年1月 /

宁洱县茶源广场茶马古道零公里处百年贡茶回归普洱纪念碑
/ 摄于2021年1月 /

宁洱县茶源广场茶马古道零公里处百年贡茶回归普洱纪念碑
/ 摄于2021年1月 /

滇南马帮菜餐馆
/ 摄于2021年1月 /

滇南马帮菜餐馆烧烤牛干巴、豆腐与猪肉
/ 摄于2021年1月 /

行走在茶马古道上的马帮风雨兼程，风餐露宿，与他们相伴的马帮菜也成为古道上的美食传说。

滇南马帮菜餐馆自制腌肉
/ 摄于2021年1月 /

滇南马帮菜餐馆蒸煮的马帮铜锅红米饭
/ 摄于2021年1月 /

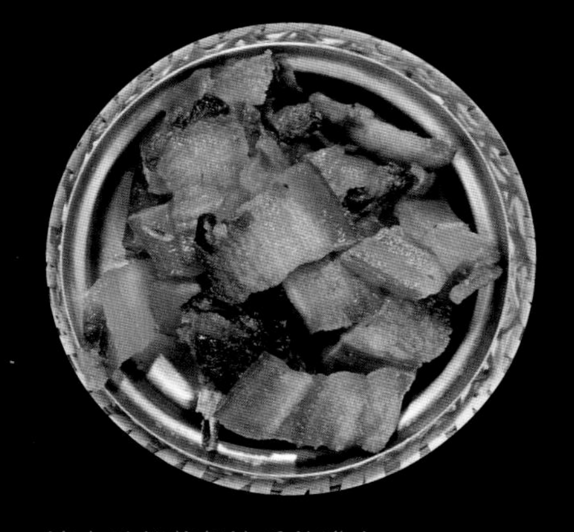

滇南马帮菜餐馆香煎腊肉
/ 摄于2021年1月 /

滇南马帮菜餐馆铜锅土鸡
/ 摄于2021年1月 /

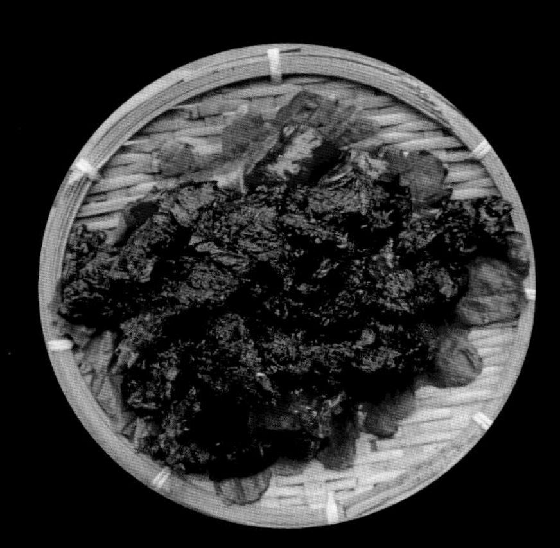

滇南马帮菜餐馆香煎牛干巴
/ 摄于2021年1月 /

宁洱县名小吃——稀豆粉卷粉
/ 摄于2021年1月 /

滇南马帮菜餐馆复原的马帮干巴烤炉
/ 摄于2021年1月 /

二、茶马驿站那柯里

位于宁洱县南部的茶马驿站同心镇那柯里村是古普洱府茶马古道上的一个重要驿站，地处宁洱县与普洱市的交通要道上。那柯里行政村下辖15个组，距离宁洱县城16千米，距离普洱市区25千米，是一个彝族、哈尼族、傣族、汉族等多民族混居的村寨。

那柯里村有两条小河绕村相汇于此，依山傍水，风景优美。当年南来北往的马帮，都必须在那柯里荣发马店歇脚过夜。百年荣发老店展示有当年马帮用的马灯、马饮水石槽等历史遗物。这里还有保存较为完好的茶马古道遗址（全国重点文物保护单位），诉说着那柯里的悠悠往事。茶马驿站那柯里是云南省境内茶马古道的重要遗址之一。

2007年6月，宁洱县发生6.4级地震，那柯里是重灾区。2008年，时任国家副主席的习近平同志亲临那柯里。10多年来，普洱市、宁洱县着力打造那柯里茶马古道旅游历史文化品牌，修缮恢复茶马古道，鼓励村民建民宿，那柯里有了连心桥、马掌铺等17个景点，还建起了那柯里“云上乡愁书院”，为游客提供更为完善的文化旅游、观光休闲服务。今天的那柯里已经成为茶马古道上一道靓丽的风景线。

那柯里村入口处
/ 摄于2021年1月 /

那柯里村马跳石
/ 摄于2021年1月 /

那柯里村茶马古道遗址
/ 摄于2021年1月 /

那柯里村茶马古道遗址
/ 摄于2021年1月 /

那柯里村民居
/ 摄于2021年1月 /

那柯里村村容

/ 摄于2021年1月 /

那柯里村美丽村道

/ 摄于2017年8月 /

那柯里村荣发马店主人李爷爷（已去世）

/ 摄于2017年8月 /

那柯里村现代茶园
/ 摄于2017年8月 /

那柯里村荣发马店美食——腌肉和香肠
/ 摄于2021年1月 /

那柯里村风雨桥
/ 摄于2017年8月 /

三、景迈山茶马古道

景迈山有悠久的茶叶栽培历史，一直是茶马古道上的重要茶叶产地。20世纪80年代以前的千百年间，茶山的对外交通只有一条古道，其中心在景迈村景迈大寨处。此道出景迈大寨后，往西经南门河桥通达孟连；往东经过勐本、芒埂，再顺山下到南郎河畔，从当地人称为“笼干”的地方过桥后分为两条：向北者通往澜沧县等地，向东南者通往勐海县等地。当地人驮运物资进出多用牛帮（即牛为主要的运输工具），而外地客商驮运物资经过或进出景迈山则多用马帮。该古道最初修建时在景迈大寨内及出村的东西两侧段均铺有石块，但现仅有西侧段遗留，长100米，宽4米，巨型卵石铺砌，较为陡峭，坡度达到20°。其他地段则多为土路，只在局部地段（如陡坡处）铺有石块以利通行。古道平面长度约14千米，宽约2米，可容两牛并行。20世纪80年代，修建的惠民至糯福公路从景迈山经过，从芒埂至南门河桥段大致沿此古道而行，故有的地段因两路重叠而将古道拓宽，有的地段因紧邻公路下方而被修路时所推之土覆盖，从芒埂至南郎河畔弄岗段的古道则被绕开。公路通车后，未与古道重叠的地段被废弃；多数地势稍缓地段被辟为耕地茶园等；少数地势较陡地段未被辟者，则因多年荒废而树木杂草丛生，人畜难入其中。

以前南郎、南门两河上建有石墩木桥，现在的南

景迈山景迈村景迈大寨茶马古道简介
/ 摄于2017年8月 /

景迈山景迈村景迈大寨茶马古道
/ 摄于2017年8月 /

门河水泥桥即建于原来的石墩木桥处，原石墩木桥遂被毁；而笼干的南郎河石墩木桥则在20世纪80年代因其上方（北）约3千米的景迈水泥大桥建成后被废弃，木桥的桥面现在已是荡然无存，仅余石砌的残石墩，它们见证了千百年来牛帮、马帮从桥上悠悠而过的历史。

景迈山景迈村芒埂奉祖家园茶叶饭
/ 摄于2021年1月 /

景迈山景迈村芒埂奉祖家园茶叶酥
/ 摄于2021年1月 /

景迈山景迈村芒埂奉祖家园茶叶小炒牛肉
/ 摄于2021年1月 /

景迈山景迈村芒埂奉祖家园茶叶煎蛋
/ 摄于2021年1月 /

景迈山景迈村景迈大寨茶马古道
/摄于2017年8月/

四、千家寨茶马古道遗址

千家寨茶马古道遗址位于哀牢山茶马古道，即迤南古道今玉溪新平段。它西起大理，经楚雄进新平达普洱。今已在新平彝族傣族自治县[1]建成茶马古道景区，与普洱市镇沅县千家寨景区相距约 113 千米，彼此间有 307 省道相连。新平县茶马古道景区不仅保留了众多古道遗址，还与哀牢山的美丽风光融为一体。今天的玉溪市新平茶马古道景区与普洱市镇沅千家寨景区，自宋代以来直至中华人民共和国建立前，都属于“陇西世族”哀牢山李氏土司的势力范围。“陇西世族”哀牢山李氏土司府遗址在今新平县戛撒镇耀南村，保存完好。

新平县茶马古道景区入口处
/ 摄于2021年2月 /

新平县茶马古道景区茶马古道导览图
/ 摄于2021年2月 /

新平县茶马古道景区中的茶马古道
/ 摄于2021年2月 /

[1] 新平彝族傣族自治县，简称新平县，全书同。

新平县茶马古道景区中的明代炼铁炉遗址

/ 摄于2021年2月 /

新平县茶马古道景区中的千家寨古城遗址

/ 摄于2021年2月 /

新平县茶马古道景区中的祭山神遗址

/ 摄于2021年2月 /

新平县茶马古道景区中的铁匠铺遗址

/ 摄于2021年2月 /

新平县茶马古道景区中的清代炼铁炉遗址

/ 摄于2021年2月 /

新平县茶马古道景区中的赌场遗址
/ 摄于2021年2月 /

新平县茶马古道景区中的茶馆遗址
/ 摄于2021年2月 /

新平县茶马古道景区中的迤南古道石碑正面
/ 摄于2021年2月 /

新平县茶马古道景区中的迤南古道石碑背面
/ 摄于2021年2月 /

第一章 茶香缕缕

话勐库 古今茶园

2015年10月，农业部公布了第三批中国重要农业文化遗产名单，“云南双江勐库古茶园与茶文化系统”名列其中。

“云南双江勐库古茶园与茶文化系统”位于双江县，这是全国唯一一个拥有四个主体民族自治的县级单位。双江因澜沧江和小黑江交汇于县境东南而得名，县境地处东经99°35′~100°09′，北纬23°11′~23°48′。北回归线穿境而过，县域海拔669~3233米，为南亚热带暖湿季风气候，年平均气温20.7℃。双江虽然气候炎热，特别是平坝区直至民国时期都烟瘴弥漫，但土质肥沃，物产丰富。尤其是茶叶，据彭桂萼1937年发表于《边事研究》第6卷第2期的《云南双江之茶叶概况》一文记载，民国时期茶叶已经是双江最重要的农产品。

“云南双江勐库古茶园与茶文化系统”是茶树种质资源和生物多样性的活基因库，中国传统茶树良种勐库大叶种茶就源生于这里。系统内不仅有著名的1.27万亩双江勐库大雪山野生古茶树群落，还存有百年以上栽培型古茶园2万亩，分布于6个乡镇34个行政村，其中尤以勐库镇冰岛村茶叶最为有名。珍贵的古茶树资源与周边地域一起，构成了茶树起源、演化，人类发现利用、驯化栽培的完整链条。因此，“云南双江勐库古茶园与茶文化系统”具有极为重要的科研和保护价值，并一直在为广大农户提供可持续的生计来源。2015年1月，原国家林业局批复同意设

双江县县城一景
/ 摄于2020年12月 /

夕阳下双江县勐库镇远眺
/ 摄于2020年12月 /

“云南双江勐库古茶园与茶文化系统”标识石碑正面
/ 摄于2020年12月 /

“云南双江勐库古茶园与茶文化系统”标识石碑背面
/ 摄于2020年12月 /

立“云南双江古茶山国家森林公园”。2017年，双江县荣获全国重点产茶县、全国最美茶乡、云南省茶产业十强县等称号，冰岛古茶园被评为云南省高原特色现代农业茶产业“魅力古茶园”，勐库华侨管理区茶园被评为云南省高原特色现代农业茶产业“秀美茶园”，云顶筑巢茶庄园被评为茶文化与相关产业融合发展示范基地。

双江各族人民不仅识茶、种茶，还以茶为饮，同时兼食用与药用。在长期生产生活过程中，他们创造了灿烂的茶文化。据统计，2020年全县茶叶种植面积28.4万亩，茶叶种植农户约占全县总农户数的80%，茶叶毛茶总产量达1.6万吨，实现茶叶工业总产值20.7亿元。

勐库镇良好的自然环境，孕育出优良的国家审（认）定品种勐库大叶茶（GS 13012—1985）。勐库大叶茶有四个明显的优势：一是有性系，乔木型，大叶类，树势高大，分枝部位高，生长力强。二是内含物质高，适制性广，可制作普洱茶、绿茶、红茶等。三是萌发期早，产量较其他品种高 37%~65%。每年从 3 月上旬开始采茶，可采至 11 月下旬。新梢一年萌发 5 轮，一年可采茶 25 次之多，一般可亩产干茶 50 千克。四是勐库大叶种纯度高达 85% 以上，在我国纯度如此高的茶树群落品种实属罕见。

双江县县标
/ 摄于2020年12月 /

双江县茶叶状路灯
/ 摄于2020年12月 /

第一节 大雪山野生古茶树群落

勐库镇大雪山林业管护站标识牌
/ 摄于2020年12月 /

勐库镇大雪山野生古茶树群落标识牌
/ 摄于2020年12月 /

双江县有丰富的野生古茶树资源，据2019年县农业局统计，野生型古茶树分布在勐勐镇、勐库镇、沙河乡、忙糯乡、大文乡和邦丙乡等乡镇，总计2603株。其中勐库镇野茶树最多，达1038株，集中分布在勐库镇大雪山。

勐库镇大雪山野生古茶树群落地处县境西北大雪山中上部，地理坐标为东经99°46′~99°49′，北纬23°40′~23°42′。大雪山野生古茶树群落分布在海拔2200~2750米的原始森林中，现存面积约1.27万亩。1997年3月20日，勐库镇公弄村民委员会五家村农民张正云等到大雪山采药时发现大面积野茶树林。2002年12月，经中国农业科学院茶叶研究所、云南农业大学等专家考察鉴定：大雪山野生古茶树在植物学分类上属于山茶科、山茶属、大理茶种，是目前国内外已发现的海拔最高、密度最大、原始植被保存最为完整的古茶树群落。

双江勐库大雪山野生古茶树群落的植被类型属于南亚热带山地季雨林，森林中一级乔木层包括樟科、木兰科和壳斗科等植物；二级乔木层以野生古茶树为优势树种，此外还有五加科、茜草科和桑科等树种，林下曾有大面积箭竹（已枯死）；草本层主要有荨麻科等植物。大雪山野生古茶树群落的原生自然植被保存完好，自然更新力强，生物多样性极为丰富，是珍贵的自然遗产和生物多样性的活基因库。

双江勐库大雪山野生古茶树 1 号树，树高 25 米，冠幅南北长 13.4 米、东西宽 11.9 米，基部干围 3.5 米，基部干径 1.1 米，海拔 2700 米，树龄 2700 年。

勐库镇大雪山远眺
/ 摄于2020年12月 /

勐库镇大雪山原始森林中的国家一级保护濒危植物桫椤
/ 摄于2020年12月 /

勐库镇大雪山中茂密的原始森林
/ 摄于2020年12月 /

勐库镇大雪山原始森林中丰富的生物多样性

/ 摄于2020年12月 /

勐库镇大雪山2号野生古茶树标识牌
/ 摄于2020年12月 /

勐库镇大雪山1号野生古茶树标识牌
/ 摄于2020年12月 /

勐库镇大雪山2号野生古茶树周边植被
/ 摄于2020年12月 /

勐库镇大雪山2号野生古茶树
/ 摄于2020年12月 /

勐库镇大雪山1号野生古茶树
/ 摄于2020年12月 /

勐库镇大雪山1号野生古茶树周边环境
/ 摄于2020年12月 /

第二节
普洱茶界的皇后——冰岛茶

冰岛村茶产业情况宣传栏
/ 摄于2020年12月 /

冰岛茶在中国，乃至东亚都是名震茶叶江湖的山头茶，素有“班章为王，冰岛为后”的美称。

冰岛茶因冰岛村而得名，在傣语里，“冰岛（丙岛）”二字的意思是“捞青苔送给土司做菜之地”。青苔、土司以及权力等核心概念在地名中清晰可见，该地的茶叶则是历史演进到1485年这一时间节点之后被世人记住。据《双江拉祜族佤族布朗族傣族自治县志》记载：“明成化二十一年（1485年），勐库冰岛李三到西双版纳行商。看到那里农民种茶，路过‘六大茶山’拣到部分茶籽带回。到大蚌渡口过筏时被关口检查没收。勐勐土司罕廷法得知后，第二次派李三、岩信、岩庄、散琶、尼泊5人再次到西双版纳引种。回来时用竹筒作扁担，打通竹节，将茶籽装入竹筒内，带回200多粒茶籽，回到冰岛培育试种成功150株。经繁殖发展，清朝至民国初，逐渐扩大到坝卡、懂过、公弄、邦改、邦木、邦协、勐库、勐勐等地，其他地区有零星种植。土司时期，茶叶已成为土司向农民派捐的重要物资之一。”[1]

冰岛老寨70号茶叶采摘、杀青、揉捻

[1] 双江拉祜族佤族布朗族傣族自治县地方志编撰委员会编《双江拉祜族佤族布朗族傣族自治县志》，云南民族出版社，1995，第 242 页。

双江县勐库镇冰岛村民委员会位于勐库镇北部，东北与临沧市临翔区南美拉祜族乡接壤，西面与耿马傣族佤族自治县[1]大兴乡相邻。村委会距勐库镇政府所在地25千米，辖冰岛、地界、糯伍、坝歪、南迫5个自然村。南勐河自临沧市南美拉祜族乡流入勐库镇后将勐库镇辖区一分为二：南勐河东面的山叫东半山，冰岛村五寨中的坝歪老寨、糯伍老寨属于东半山；南勐河西面的山叫西半山，冰岛老寨、南迫、地界属于西半山。全村总面积33.61平方千米，海拔1400~2500米，年平均气温21℃，年降雨量1800毫米。现有农户349户1342人，其中少数民族有1048人。

[1] 耿马傣族佤族自治县，简称耿马县，全书同。

冰岛自然村（冰岛老寨）古茶园远眺
/ 摄于2020年12月 /

冰岛村
/ 摄于2022年8月 /

冰岛村古茶园秋景
/ 摄于2022年8月 /

冰岛村古茶园一景
/ 摄于2022年8月 /

勐库大叶种
/ 摄于2022年8月 /

冰岛村茶王树
/ 摄于2022年8月 /

冰岛老寨古茶树
/ 摄于2022年8月 /

勐库镇最具知名度的栽培型古茶园当属冰岛村古茶园。冰岛村民委员会茶叶面积8959亩，可采摘面积5941亩，100年以上古茶树57022株，500年以上古茶树10857株，年产干毛茶482吨。其中，冰岛自然村（冰岛老寨）有500年以上古茶树4954株，年产干毛茶31.5吨，其中古树茶7.8吨。

冰岛村民委员会茶园内的勐库大叶种作为传统茶树良种，属于有性系乔木型，树形高大，主干明显，分枝部位高，叶长椭圆，叶肉肥厚，叶色深绿，叶芽肥嫩粗壮，新梢通常一年萌芽五轮，产茶量较其他品种高37%~65%，茶树籽种纯度高达80%，是国内茶叶品种资源所少有[1]。勐库大叶茶按形态可分为黑大叶、卵形大叶、筒形大叶、黑细长叶和长大叶5种，其共同特点是茶叶内含物质丰富，茶多酚和儿茶素含量较高。

勐库大叶茶条索肥硕，芽尖如果做成红茶会呈现出橙黄明亮，做成绿茶则银白耀眼。芽叶茸毛多，滋味浓郁，鲜爽甘甜。

[1] 双江拉祜族佤族布朗族傣族自治县地方志编撰委员会编《双江拉祜族佤族布朗族傣族自治县志》，云南民族出版社，1995，第240页。

YUNNAN
SHUANGJIANG
MENGKU
GU CHAYUAN
YU
CHA
WENHUA
XITONG

第二章 扎根幽岩 云雾间

“扎根幽岩云雾间，自有清香出九天。清泉玉露润肌骨，日月精华凝碧尖。”双江县勐库古茶园也正因为有如此的日月水气精华滋润，造就了勐库大叶茶自然天成的优良品质，才成为散发芬芳、悠久传承的农业文化遗产。

双江县境内流淌的南勐河（勐库镇忙那村段）
/ 摄于2020年12月 /

第一节 昏旦变气候 山水含清晖

北回归线横穿双江县境内，这里是太阳转身的地方。勐库古茶园种植区的气候属于低纬度高原南亚山地热带季风气候，境内干湿季节分明，立体气候明显。双江县年平均气温19.5°C，最冷月平均气温12.5°C，最热月平均气温24.1°C，无霜期329天，有霜日数12天，年降雨量800~1900毫米，雨季为5—10月。气候整体呈现出年温差小，日温差大，雨热同季的特征。

一、气温条件

双江县拥有适宜勐库大叶茶生长的良好气候条件。勐库大叶茶具有喜温怕冻的特点，茶叶正常生长需年积温3500~4000°C。当日平均温度10°C时，茶芽萌发；当日平均气温15°C时，芽叶展开。当日平均温度上升到15~26°C时，茶芽生长旺盛。

勐库镇内古茶园气候条件具有“夏无酷暑，冬无严寒，春秋季长”的特点，这正是适宜勐库大叶茶生长的气候环境。夏无高温灼伤，有利于茶树速生；冬无严寒，则能让茶树安全休眠越冬，为来年萌芽储存营养。勐库古茶园内茶芽萌发早，采摘期长。

二、光照光质条件

勐库大叶茶喜光耐阴，特别喜漫射光。双江县大部分地区光照充足，光质好。勐库镇马鞍山、四排山两支主山脉自北向南纵向延伸，其东侧光照条件好，早向阳，晚背阴。山间有多种地带性森林植被类型，林地植被好，易产生太阳漫辐射散光，最宜茶叶光合作用。海拔1400米的勐库镇公弄村茶叶生产区，年日照时数2053.4小时。勐库镇森林覆盖指数高，散射光多，能减少茶树叶面蒸发，增加茶叶持嫩度和香味。

勐库镇冰岛湖景区
/ 摄于2021年12月 /

三、水文条件

“云南双江勐库古茶园与茶文化系统”所在地属于澜沧江、小黑江和南勐河水系流域范围，大部分地区都可种植茶叶。水资源总量为20.353亿立方米，其中地表水占76.89%，地下水占23.15%。有中型水库2座，水资源丰富，无工业污染，无人为污染。

“茶树生长喜温、怕涝。茶树芽叶含水量为70%~80%，总叶为65%，根部为50%。为保持茶树芽叶含水量，降水量不能低于1000毫米，1200~2000毫米为最适宜水量。”[1]

勐库镇古茶园受孟加拉湾暖湿气流影响，年平均降雨量为1439~1552毫米，相对湿度为75%，非常适宜勐库大叶茶生长。勐库镇古茶园夏、秋季节经常被云雾笼罩，冬季时的冬雾层也较厚，冬雾底层常成雨沫，对茶叶生长非常有利。

勐库镇冰岛湖
/ 摄于2022年8月 /

[1] 双江拉祜族佤族布朗族傣族自治县地方志编撰委员会编《双江拉祜族佤族布朗族傣族自治县志》，云南民族出版社，1995，第 242 页。

第二节
扎根幽岩云雾间
自有清香出九天

勐库镇坝糯村古茶园花岗岩及红壤
/ 摄于2020年12月 /

双江县古茶园种植区地处横断山脉南部帚形地带。境内属怒山系邦马山脉的主要分支，东为马鞍山，西为四排山。地势西北高，东南低，北回归线横贯中部。境内层峦叠嶂，沟谷交错，植被茂密，溪流纵横，云雾缭绕。

双江县的土壤是适宜茶树生长的酸性土，pH为4.7~6.8。土壤类型以红壤为主，赤红壤和紫色土次之。土层深厚，营养充足。更为珍贵的是大部分茶区的土壤为土夹石，石块不断风化产生矿物元素，形成土壤中供给植物的养料。同时这里土壤中有机质的含量也极为丰富，达到0.24%~4.78%。肥沃的土壤为勐库大叶茶的生长提供了品质超群的基础条件。

双江县勐库镇总面积为475.3平方千米，境内山多坝少，勐库镇境内条条溪流汇集南勐河，南勐河纵贯全镇37千米，风光旖旎。境内最高点为海拔3233米的大雪山；最低点为勐库大河与回雷河交汇的大河湾，海拔1040米。

勐库镇的地形为两山夹一河一坝，两山指邦马山与马鞍山，一河指南勐河，一坝指勐库坝。

勐库镇邦马山与马鞍山隔河对峙，南勐河流经两山之间。以南勐河为界，马鞍山在河东，称作东半山，邦马山在河西，称作西半山。勐库镇坝糯村位于东半山，距勐库镇政府约20千米，海拔1700~1900米。坝糯村是双江县藤条茶园保存得最好的地方，双江最古老、最大的藤条茶树就在坝糯村。坝糯村树龄超过100年的藤条茶树，一棵树上有几十根甚至上百根藤，最长的藤可达三四米。古茶园内可见树生藤、藤缠藤，似乎彼此牵手相依，情同手足。藤条茶要经过多年细心地采留、修整、栽培才能长成，年岁越久，藤条越长。坝糯人能养出这样奇美的藤条茶树，其用心之细、技法之精令人感叹。

坝糯村最早是拉祜族居住的寨子，后才有汉族迁入。村子中保存着很大、很老的一片人工栽培型古茶树，是汉族迁入前拉祜族就栽培的，其中最大的一棵茶树基部干围已超过1.4米。

勐库镇坝糯村云南白药茶叶基地
/ 摄于2020年12月 /

勐库镇坝糯村云南白药茶叶基地外盛开的樱桃花
/ 摄于2020年12月 /

勐库镇坝糯村藤条茶古茶园内1号藤条茶古茶树
/ 摄于2020年12月 /

勐库镇坝糯村藤条茶古茶园内景
/ 摄于2020年12月 /

勐库镇坝糯村藤条茶古茶园内2号藤条茶古茶树
/ 摄于2020年12月 /

坝糯村藤条茶的茶芽长在每根主藤和岔藤的顶端，一根藤条顶端一般只有2~3个芽，每个芽头都圆实肥硕。鲜叶采摘时，一般只采一芽一叶，留下一芽第二轮发时再采摘。坝糯村藤条茶做成的晒青毛茶，芽头茸毛厚密，白亮中略带金黄。压制成饼后，条索肥厚壮实。品鉴中最显著的特征是滋味醇厚、鲜爽回甘、山野香韵明显。

YUNNAN SHUANGJIANG MENGKU GU CHAYUAN YU CHA WENHUA XITONG

第三章

惜取新芽旋摘煎

唐代诗人陆希声有诗云：“二月山家谷雨天，半坡芳茗露华鲜。春醒酒病兼消渴，惜取新芽旋摘煎。”此诗告诉爱茶人，春天谷雨时节的茶有消渴、祛病的功效，因此要珍惜春天的新芽，及时采下茶叶的芽尖儿煎茶品饮。茶作为中国人的传统饮料，从采摘、加工制作到饮用，在历史长河中创造了自己独特的技术与文化。

“云南双江勐库古茶园与茶文化系统”的茶叶，从种植、采摘、加工到品饮，处处体现出中国重要农业文化遗产的宝贵价值。

第一节
传统农耕技术

勐库镇坝糯村藤条茶古茶园冬季耕锄
/ 摄于2020年12月 /

惹人爱怜的春茶新芽是大自然对人类的珍贵馈赠，“云南双江勐库古茶园与茶文化系统”内规模种植的古茶园蕴藏着茶农们传统农耕技术的智慧。

一、地块选择

茶树栽培通常选择林木多的向阳山坡，最好土层深厚，土质肥沃。向阳山坡日照早，雾露多，同时由于林木多，相对湿度较大。这样的茶地正好符合了“高山云雾出好茶”的条件。

二、品种选择

勐库镇茶林以栽培勐库大叶种为主，其他品种零星种植。

三、种植方式

传统上使用茶籽播种栽培。茶农将成熟茶籽采收后，用水选法将空籽除掉，开挖纵横各67厘米左右的坑，每一坑下籽一掬，覆土3厘米左右，第二年雨水来临时进行分植，三年便可采摘。

据2014年9月的《云南双江勐库古茶园与茶文化系统中国重要农业文化遗产申报书》中介绍，1939年，在勐库茶区出现了茶树压条繁殖技术。

四、茶园管理

茶园几乎不进行中耕管理，防治病虫害对农药的依赖性小，主要采用茶园病虫害综合防治技术。同时采用茶园覆盖、茶园灌溉、茶园间作、肥塘管理等栽培技术，走茶、林、果复合生态茶园道路，提高茶树抗寒防冻能力。

茶树施肥不用化肥，也不用农家肥，而是多用腐殖质较为丰富的黑土与茶园土壤进行调和；或将茶园杂草割下来晒干，然后埋回茶园土壤里沤制天然肥料。

茶园除草采用人工除草，可在夏日太阳最烈时用锄头铲除草根，晒干后堆捂于茶树根部作为肥料。

勐库镇冰岛村冰岛老寨70号光明茶坊古茶树修剪
/摄于2021年12月/

勐库镇冰岛村冰岛老寨古茶树秋茶采摘
/ 摄于2022年8月 /

第二节 茶叶采摘技术

双江县勐库镇古茶园的古茶树通常在清明节前就能发芽，并做成明前茶。近年来，云南经常遭遇春旱，因此古茶树发芽时间推迟。2021年，勐库镇冰岛村古茶树最早的开采时间虽然也在4月2日，但是发芽少，春芽愈加珍贵。

传统上，勐库镇古茶园只采摘春茶和夏茶，并且在天气晴好时采摘。随着市场经济的发展，后来也开始采摘秋茶。近年来，由于茶农们对古茶树生长规律认识的加深和保护意识的加强，为了保证茶叶质量，以采摘春茶和秋茶为主，使茶树得到应有的休养生息。

采茶的标准包括：第一蕊尖（一芽无叶），皇尖只取“一旗一枪”（一芽一叶），第三客尖（一芽二叶），第四细连枝（一芽三叶），第五白茶（内有粗老叶，梗有骨，大小不齐）。

普洱茶的鲜叶采摘时间为日出后半小时，这样可以避免由于鲜叶水分含量高，不利于萎凋与杀青的问题。采摘一般从早上开始至中午12点左右完成。

古茶有旱季茶和雨季茶之分，其中旱季春茶采摘一般在2月底至5月中，旱季秋茶则在9月底至11月底，5月底至9月底为雨季茶。其中，旱季春茶由于还没有受到雨水的影响，茶气比较充足，做出的普洱茶品质最佳。

勐库镇冰岛村冰岛老寨古茶树春芽
丁光美/ 摄于2021年3月 /

勐库镇冰岛村冰岛老寨秋茶摊青
/ 摄于2022年8月 /

第三节 茶叶制作技术

茶产品品质与茶叶制作技术紧密相关，一杯高品质茶汤除了有良好生长环境的茶叶原料之外，加工制作技术也是决定茶叶品质的关键性因素。

双江县勐库镇传统手工晒青普洱茶散茶加工的基本工艺流程：采摘鲜叶→摊青→杀青→摊凉→揉捻→解块→晒青干燥→包装。完成以上程序后制成的就是普洱生茶散茶。散茶再经过以下工艺流程：筛制→蒸压→干燥→检验→包装，就制成普洱生茶紧压茶，俗称青饼。普洱生茶散茶经过人工快速后熟发酵、洒水渥堆工序，就制成普洱熟茶散茶；再经过紧压定型，则制成为压熟茶。

需要注意的是：新鲜茶叶采摘完毕后不能在箩筐或是蛇皮袋子里放太久，否则茶叶会因为潮湿、捂太久而发霉或变质，进而影响茶叶的品质口感。加工鲜叶应按标准验收。鲜叶应分级摊青，摊青叶含水量降到70%左右应及时杀青。手工杀青用铁锅，锅温达100℃时投入适量茶叶，用“闷—抖—扬”的手法均匀杀青，使其柔软度一致，无青草味和烟焦味。杀青至茶叶散发出清香后摊凉，摊凉在篦笆或离地的架子上进行，摊凉厚度为3~5厘米，时间为20~30分钟，待茶青散发完热气即可揉捻。根据鲜叶嫩度适度揉捻成条，揉捻后进行解块，解散团块茶，将揉捻叶薄摊在专用晒场或摊晾设备上，进行日光干燥，晒干至含水量不超过10%。

传统普洱茶包装材质主要是纸、笋壳和竹筒。现代普洱茶包装材质出现了铁皮盒、塑料袋等，包装花样翻新、日益精美。

勐库镇冰岛村冰岛老寨春茶摊凉
丁光美/ 摄于2021年3月 /

勐库镇冰岛村冰岛老寨春茶手工杀青
丁光美 / 摄于2021年3月 /

勐库镇冰岛村纸包装普洱春茶饼
/ 摄于2022年2月 /

勐库镇冰岛村纸壳包装普洱茶砖
/ 摄于2021年3月 /

勐库镇懂过村磨烈自然村竹筒包装普洱茶（简称竹筒茶）
甘丽琴/ 摄于2021年3月 /

勐库镇冰岛村冰岛老寨春茶手工揉捻
丁光美 / 摄于2021年3月 /

勐库镇冰岛村冰岛老寨春茶揉捻后手工解块
丁光美 / 摄于2021年3月 /

勐库镇冰岛村冰岛老寨春茶解块后晒青干燥
丁光美 / 摄于2021年3月 /

勐库镇懂过村磨烈自然村笋壳包装普洱茶
/ 摄于2021年3月 /

勐库镇懂过村磨烈自然村成箱包装普洱茶
/ 摄于2021年3月 /

YUNNAN
SHUANGJIANG
MENGKU
GU CHAYUAN
YU
CHA
WENHUA
XITONG

第四章

煮雪茗山 飨茶客

禅茶历史悠久，禅与茶相联系的最早历史渊源可追溯至汉代。西汉时，有僧从领表来，以茶实植蒙山[1]。茶圣陆羽三岁被寺院禅师收养，后来撰写出中国第一部茶书——《茶经》。元代诗人洪希文有诗“独坐书斋日正中，平生三昧试茶功”，也言明了禅修与饮茶往往相依相伴。“云南双江勐库古茶园与茶文化系统”地处信仰南传上座部佛教的傣族和布朗族地区，据云南普洱茶专家肖时英先生回忆：20世纪50年代，他到访双江县勐库镇冰岛村冰岛老寨时，曾经见到有12棵古茶树生长在冰岛老寨的大缅寺（南传上座部佛教寺院）周围。傣族、布朗族赕佛和祭祀神灵时都需要用茶，茶是必需的赕佛贡品。如今虽然冰岛老寨不见了大缅寺，但勐库镇各村寨的古茶树依然留存至今。在其他一些傣族、布朗族村寨，缅寺、佛塔、古茶仍与他们的日常生活紧密相伴。双江县各族人民对茶祖的供奉与敬畏，让茶文化赓续着充满活力的精神血脉。

勐库镇南勐河上游神农祠标识牌
/ 摄于2020年12月 /

[1] 〔宋〕王象之：《舆地纪胜》，赵一生点校，浙江古籍出版社，2012，第 3147 页。

第一节 神农祠

勐库镇忙那村神农祠前的南勐河
/ 摄于2020年12月 /

唐代陆羽在《茶经》中记载：“茶之为饮，发乎神农氏。”炎帝神农氏是中华农耕文明的开创者，从湖南到云南，都能看到祭祀茶祖神农氏的活动。云南省双江县于2005年修建了神农祠，自2014年首届勐库（冰岛）茶会开幕以来，每年4月中旬在神农祠祭祀茶祖已经成为茶会的首要程序。

中医经典著作《神农本草经》云：“神农尝百草，日遇七十二毒，得茶而解之。”双江县地处澜沧江中下游，位于茶树起源地。神农祠依山傍水，绿树成荫，可谓千峰叠翠环野立，透碧一水抱祠流。神农祠内有一雪花白石雕刻而成的炎帝神农氏塑像，它高9.5米，基座长9米、宽4米。塑像基座四周及中心广场共铺有大理石青石板530.9平方米，从神农祠牌坊至炎帝神农塑像共有69级台阶。

勐库镇忙那村神农祠外景
/ 摄于2020年12月 /

勐库镇忙那村神农祠台阶
/ 摄于2020年12月 /

正对神农氏塑像的左侧为茶展馆（室内从茶之源、茶之魂、茶之歌三个方面，用 54 张图片展示双江勐库大叶茶原生地之美和茶产业发展情况），右侧为茶艺馆（在室内墙体上精心制作了一幅反映双江拉祜族、佤族、布朗族、傣族饮茶习俗的壁画，高 2 米，长 13.8 米）。

每年4月中旬，神农祠茶祖祭祀仪式都会按期进行，整个过程庄重而热烈。

勐库镇忙那村神农祠炎帝塑像
/ 摄于2020年12月 /

第二节
禅窗修茗

勐库镇公弄村制作烟米茶，配料为糯米、茶、姜、糖和扫把叶
康怀勇 / 摄于2021年9月 /

双江县是云南省布朗族的第二大聚居地，布朗族人口数仅次于勐海县。双江县勐库镇公弄村是布朗族的世居地，是勐库镇最古老的村寨，也是茶祖濮人（布朗族先民）生活过的地方。

公弄村位于勐库镇邦马大雪山到勐库坝的一条山脉上，距离勐库坝子约12千米。公弄村海拔虽不高，但视野开阔，一出门就能看见邦马大雪山的美景。公弄村有三绝：茶树老、茶艺多、茶俗浓。村落远处树木葱郁，近处茶园秀美。公弄村的茶叶在民国时期就是勐库镇的名茶，1949年以前茶园面积已在2000亩以上。1954年双江县茶叶站在公弄村设点收茶，当年收得茶叶31373.5千克，1955年更收得45000千克，这些茶全部采自1949年以前种植的茶园。由此可见，公弄村1949年以前茶叶种植面积已非常大。

公弄古树茶开汤香气强烈，挂杯时间持久，汤色明亮，有蜜香。它叶壮，梗圆，条索肥大，回甘快且浓郁，生津速而持久，苦而不寒，味酽气足，尽显临沧茶阳刚之美。特别是尾韵足，耐泡，20泡后，仍留有香甜滑柔感，水浸出物丰富，是勐库西半山当中的高品质茶。

自古就受到茶树恩泽的布朗族，在公弄村积淀了丰富多彩的茶文化。公弄村布朗族不仅会制作普洱茶，1956 年后还学会了制作红茶。他们也有自己本民族的

传统茶，如酸茶、煳米茶、明子茶、青竹茶、土罐茶、竹筒烤茶和竹筒蜂蜜茶等。

布朗族酸茶有悠久的历史，酸茶制作方法是将采摘回来的鲜叶煮熟，加上盐、辣椒、姜等配料，搅拌、混合后装入竹筒或陶坛内，用笋叶封口扎紧，放至发酵后发酸。酸茶可上桌为菜，也可开水冲泡作为饮料。

煳米茶和明子茶是布朗人以茶入药的典范。煳米茶能治疗感冒、咳嗽、喉痛、肺热等疾病。明子茶能治疗肠胃不适、便秘等。煳米茶的制作方法："先把土茶罐放入火塘中烤热，放入适量糯米烤黄，再放上茶叶同烤，加入开水，再放入事先切好的通管散、甜白解、姜片，还有从山上采回来的一种灌木的叶，叫扫把叶。待上述各种原料烹煮、开沸数分钟后再加入红糖，红糖化尽，溶解完毕，茶水泛波，色彩橙黄，其味诱人。"[1]"明子茶的做法与煳米茶相似，只是用配料时，以松明取代通管散、甜白解和扫把叶即可。"[2]

竹筒蜂蜜茶最让人叫绝，也是接待上宾的贵重饮品。制作竹筒蜂蜜茶，先采来鲜嫩的茶叶，砍来碗口粗的竹子，制成一头留有实心竹节的竹筒，然后将鲜叶塞入竹筒，再用一竹塞将竹筒塞紧，而后置于火上炙烤。当竹筒烤焦后，筒内的茶叶也被烘干，尔后将竹筒内的茶叶倒入茶具中，加入蜂蜜，再把烧沸的开水冲入茶具中，用竹筷轻轻搅动，再进行分杯，茶汤飘散出沁人心脾的茶香。

布朗族敬茶非常讲究。俗话说：头茶苦，二茶涩，三茶四茶好敬客。所以，一般把头道茶汤沥掉，用二、三、四道茶汤敬客。不论什么茶，敬茶都要从老人和父母敬起，双手奉上，以示尊敬。公弄村的布朗族因爱茶而敬茶，视茶为圣洁之物；因敬茶而祭茶，并且每年都要祭拜茶祖。同时，他们还以茶入药，食茶驱邪。可以说，布朗族起房盖屋、婚丧嫁娶、走亲访友以及宗教生活中无处不用茶。

公弄村的布朗族信奉南传上座部佛教，在历史文献中并无明确记载南传上

勐库镇公弄村公弄大寨南传上座部佛教寺庙
/ 摄于2020年12月 /

勐库镇公弄村公弄大寨南传上座部佛教寺庙旁的白塔
/ 摄于2020年12月 /

[1] 双江拉祜族佤族布朗族傣族自治县茶叶办生物资源开发创新办公室：《双江拉祜族佤族布朗族傣族自治县茶叶志（第二版）》，内部资料，2005，第260页。
[2] 同上。

勐库镇公弄村公弄大寨佛祖树及其标识牌
康怀勇 / 摄于2020年12月 /

座部佛教是何时传入布朗族地区的。据云南省林业厅于1995年测定的数据，公弄村佛祖树梅橄过（即铁力木树），树龄为500年，种植时间大约为明弘治八年（1495年），由此说明最迟至明代南传上座部佛教已经传播到了双江县勐库镇公弄村。

南传上座部佛寺在云南又称为缅寺，布朗族修建的缅寺是日常生活的重要活动场所。比如，布朗族头人的选举，就规定必须在佛寺内，在佛的监视下进行。佛寺多建在村寨的最高处，以落地重檐多坡面平瓦建筑为主。

布朗族每年都要到缅寺多次赕佛。“赕佛”意为敬献，是南传上座部佛教的一种宗教活动。赕佛时，茶叶是重要的赕品之一，同时要听经祈福，求风调雨顺、村寨平安、六畜兴旺、粮茶丰收。

勐库镇公弄村公弄大寨布朗族传统民居
/ 摄于2020年12月 /

勐库镇公弄村公弄大寨缅寺旁的大青树
摄于2020年12月 /

勐库镇公弄村布朗族传统民居标识牌
/ 摄于2020年12月 /

勐库镇西半山的老扫把叶（制作糊米茶的原料之一）
/ 摄于2020年12月 /

勐库镇公弄村小户赛古茶园

勐库镇公弄村小户赛古茶园茶王树

勐库镇公弄村小户赛古茶园
/ 摄于2020年12月 /

勐库镇公弄村小户赛古茶园
/ 摄于2020年12月 /

公弄村委会还有一个以古茶园闻名的小户赛，这里的古茶园是目前勐库地区面积最大、海拔最高、保留最好、未被矮化过的少数古茶园之一。小户赛包括一个汉族寨子（以寨）和两个拉祜族寨子（梁子寨和洼子寨）。拉祜族人口占总人口的70%左右。清朝初年，小户赛还没有汉族居住，拉祜族则在明朝初年就已经定居小户赛。在拉祜族迁来定居之前，公弄村大寨和小户赛一带则是布朗族的家园。小户赛古茶园生长着年代久远的古茶树，特别是梁子寨，每家每户房屋周边都有古茶树，茶林在寨子中，寨子在茶林中。梁子寨的古茶园不仅是勐库镇，也是双江县保存得最好的古茶园。其中，树围超过1米、树高超过5米的古茶树成林连片，至少有300亩。有10多株古茶树树围都已经超过1.5米，树幅宽展。小户赛古茶园能传承下来与其交通不便有很大关系，山河阻隔了寨子与外界的交通。滚岗河、茶山河从邦马大雪山上流下来，两条河将小户赛的3个寨子包围在中间，进小户赛的大路小路都必须经过这两条河。每逢下雨，河水猛涨，人与骡马都难通过。每年6—9月的雨季，黄土公路泥泞难走，汽车也无法进出。两条河的阻挡减慢了小户赛老茶园改造的速度，也造就了小户赛茶叶非凡的品质。

用小户赛古茶园茶叶制作的普洱茶，条索肥大，梗圆，叶壮。冲泡最大的特点就是蜜香袭人，汤感柔顺，并伴随着浓强的回甘与生津，喉韵舒爽持久，茶韵绵长。

YUNNAN
SHUANGJIANG
MENGKU
GU CHAYUAN
YU
CHA
WENHUA
XITONG

第五章 火塘竹楼 葫芦情

双江县勐库镇境内居住着傣族、拉祜族、布朗族和佤族等12个少数民族，各民族都有着自己独特的文化传统与民族风情。他们与自己民族农耕文明标志的古茶园一起，给世界呈现出绚烂多姿的文化。

2017年，双江县勐库镇入选全国第二批特色小镇。勐库镇有着自己浓郁的小镇特色，主要体现为植被垂直分布明显且生物多样性丰富，古茶园众多且普洱茶品质优良，民族多元文化共存等。

勐库镇冰岛村地界寨道路两旁的植被
/ 摄于2020年12月 /

勐库镇冰岛村植被
/ 摄于2020年12月 /

第一节 离离山上苗

一、勐库镇植被特征

勐库镇植被有着显著的特征，主要呈现出南亚热带的景观特点，以阔叶林和暖性针叶林为主，面积最大的当数云南松和栎树，其次是灌木、竹类等。植被垂直分布特征明显，生物多样性丰富且保护较好。全镇森林面积达300平方千米，森林覆盖率为42%。

勐库镇冰岛村路边的野菜
/ 摄于2020年12月 /

勐库镇冰岛村植被
/ 摄于2020年12月 /

勐库镇冰岛村冰岛老寨前往南迫寨村道旁的植被景观
/ 摄于2017年2月 /

二、勐库镇茶园

勐库华侨管理区宣传栏
/ 摄于2020年12月 /

勐库华侨管理区宣传栏
/ 摄于2020年12月 /

勐库华侨管理区茶园建设宣传栏
/ 摄于2020年12月 /

勐库镇有着类型多样的茶林，不仅有大雪山野生古茶树群落、著名的冰岛村栽培型古茶园，还有勐库华侨管理区当代的“秀美茶园”。

勐库镇大雪山野生古茶树群落与冰岛村古茶园此前已有详述，在此不再赘述。此处重点介绍勐库华侨管理区秀美茶园。

双江县勐库华侨管理区，前身为双江县国营勐库华侨农场，是为集中安置越南归难侨于1979年1月由劳改农场改建设立，先后共接待安置越南归难侨13批404户2218人。2001年10月，华侨农场确定为县属国有农业企业，实行自主经营、自负盈亏、独立核算、政企合一的管理运作模式。2009年3月，在保留国营勐库华侨农场牌子的基础上，设立了中国共产党双江县勐库华侨管理区工作委员会和双江县人民政府勐库华侨管理区管理委员会，为双江县人民政府的派出机构。下辖1个华侨社区，12个居民小组。现有居民1305户3624人，其中，归侨侨眷2714人，占人口总数的75%。管理区占地面积10620亩，其中耕地面积6933亩，主要经济作物有茶园3787亩，柑橘1200亩。目前，管理区居民纯收入位列双江县首位。

茶叶是勐库华侨管理区的传统支柱产业，现有茶园3787亩，涉茶人口881户3063人，占总人口的85%。管理区茶树栽培始于1956年，品种为勐库大叶种。2017年，云南省农业厅评选出25个“秀美茶园”，勐库华侨管理区茶园上榜，有效期为2017年7月—2020年7月。

勐库华侨管理区茶园栽培的勐库大叶茶适合加工制作为红茶、普洱茶和绿茶，滋味醇厚、甘润。近年来，勐库华侨管理区以建设“生态化、无公害”健康茶园为目标，对现有茶园进行提质改造。目前，全区毛茶总产量520吨，有茶叶初加工个体户77户，QS认证茶叶企业3家，累计注册茶馆、茶楼13家。

勐库华侨管理区茶园风貌
/ 摄于2020年12月 /

勐库华侨管理区茶园中20世纪50年代栽培的茶树
/ 摄于2020年12月 /

勐库华侨管理区茶园美景
/ 摄于2020年12月 /

勐库华侨管理区茶园美景
/ 摄于2020年12月 /

第二节 茶香山居韵

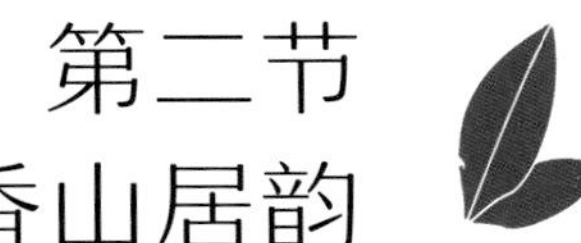

勐库镇冰岛村冰岛老寨傣族传统民居
/ 摄于2020年12月 /

冰岛村冰岛老寨古茶园以其悠久的历史和高品质普洱茶闻名中国。冰岛老寨著名的古茶园就在村子广场兼停车场的旁边，游客进入最容易见到的就是冰岛茶树王。在古茶园深处，农户家后院的隐蔽处，还有冰岛茶尊、冰岛太后等古茶树。茶林与民居共存共生，可谓林中有寨，寨中有林。2015年之后，冰岛村在古茶树茶叶价格不断飙升的情况下，冰岛老寨内大兴土木，茶林中长出越来越多的民居，汽车尾气、生活污水等对古茶树的生长造成严重影响。为了保护古茶树资源，促进古茶树资源可持续利用，巩固提升冰岛茶品质，造福茶农子孙后代，根据《中华人民共和国土地管理法》《云南省土地管理条例》《临沧市古茶树保护条例》《双江自治县古茶树保护条例》等法律法规及《中共双江自治县委 双江自治县人民政府关于冰岛老寨整体搬迁的决定》（双发〔2020〕44号）、《中共双江自治县委 双江自治县人民政府关于印发〈双江自治县勐库镇冰岛村委会冰岛老寨整体搬迁安置工作方案〉的通知》（双发〔2020〕47 号）、《双江自治县人民政府关于印发〈双江自治县勐库镇冰岛村委会冰岛老寨整体搬迁安置补偿办法〉的通知》（双政发〔2020〕71 号）等文件精神，2020 年 12 月 4 日，双江县人民政府发布公告，决定对勐库镇冰岛村委会冰岛老寨的土地、房屋及附属设施进行征收。

2020年12月11日，在冰岛村整体搬迁之前，笔者调研拍摄到了冰岛老寨传统民居和新建的傣族现代民居。图片中的传统民居已经在2021年2月之后全部拆除，冰岛老寨村民基本已搬迁到新的定居点。本书写作之际恰遇冰岛老寨整体搬迁，幸运记下了这一历史性时刻。

冰岛村南迫寨是一个拉祜族寨子，也以茶为生。南迫是距离冰岛老寨最近的寨子，也是冰岛五寨中种茶历史较早的寨子。拉祜族人在他们的创世史诗《杜帕密帕》中讲述拉祜族人的始祖扎笛和娜笛是从葫芦中诞生的，拉祜族人会把葫芦籽钉在小孩的衣领上以求孩子平安生长。葫芦笙还是拉祜族的吉祥物，他们的日常生活、生产劳动、逢年过节、红白喜事等都离不开葫芦笙。南迫寨拉祜族自古与山林共存，崇尚竜文化，每年春节后都有祭竜日，祈求六畜兴旺、人丁平安。从冰岛老寨走山路到南迫要一个多小时，山高路险。2017年2月，在冰岛村调研期间，笔者幸运遇到了南迫寨拉祜族的祭竜日，并跟随冰岛村张晓兵

勐库镇冰岛村傣族特色现代民居
/ 摄于2020年12月 /

勐库镇冰岛村傣族特色现代建筑“傣字号”
/ 摄于2020年12月 /

勐库镇冰岛村南迫寨古茶园
/ 摄于2022年8月 /

勐库镇冰岛村南迫寨传统民居
/ 摄于2022年8月 /

勐库镇冰岛村南迫寨古茶树
/ 摄于2022年8月 /

主任坐车前往南迫老寨。没想到道路非常崎岖，从山路边的悬崖驶过，眼睛都不敢睁开，其闭塞程度可想而知。南迫老寨并不大，这个历史超过500年的拉祜族老寨只有70多户拉祜族人家，海拔1700米，年平均气温20℃，年降水量1800毫米，非常适合茶树生长。当时，南迫老寨的村民已搬迁至冰岛老寨下面的南迫新寨居住。2022年8月，笔者再次前往南迫老寨，村寨焕然一新。曾经搬走的部分人家，又回到寨内修建了新房。南迫寨因茶焕发生机。

南迫老寨生态环境良好，但古茶树不成片，大多数分布略显零散，甚至有些茶树分布在田间地头。南迫古树茶最显著的特点是香气好，野韵足，茶气强。入口苦涩度极低，几乎没有涩的感觉。但入口后舌头中后部会慢慢生津，之后舌根部位回甘，茶韵悠长。

每年春节后的祭竜日（一般在农历正月的第一个属牛日），南迫寨的拉祜族人从早就开始忙碌热闹起来，男人们都忙着用竹子做竜笆，女人们忙着洗菜、洗草药、炖煮药膳汤（猪肉草补药）、熬制鸡肉烂饭。竜头是世袭的，在祭竜日要负责制作祭竜用的蜡条、炒制谷花等。蜡条的制作原料为野生蜂蜜的蜂蜡。采制野生蜂蜜非常不容易，通常得步行几十千米进入原始森林，攀爬悬崖才能取到。蜂蜡制作成蜡条，中有引线可以点燃。谷花通常是用糯谷制成的，祭祀前还需要炒制。竜山祭祀使用的三件必备祭品是茶叶、盐巴和大米（或者糯谷谷花）。茶叶使用普洱生茶的散茶。祭竜日当天，整个拉祜族山寨就是节日的海洋，有的忙着准备祭品和会餐的餐食；有的吹起芦笙，围着点燃的清香，跳起欢快的舞蹈。2017年，南迫寨的祭竜仪式在村寨竜山的三处地势不同的地点进行，首先在最高处围栏内由竜头带领另外几位男性祭祀人员主祭，围栏内的祭祀现场只允许男性进入，全村其他人员在围栏外陪祭，一切行动听竜头指挥。祭祀开始时，围栏外的村民必须全部蹲下。最高处祭祀地点仪式结束后，竜头带领寨子中的村民一起，到位于中间地势的第二个围栏处祭祀，然后再到地势最低的第三个围栏处祭祀。在三处祭祀地点的仪式分别完成后，主祭人员会向所有参加者喷洒圣水。如果被圣水洒到，他们相信一年都会幸运！祭祀完毕后全村人会餐，一起吃之前炖煮好的猪肉药膳。来年的幸福健康、平安吉祥都在拉祜族人虔诚的祈愿中来临！

2017年祭竜日吹奏葫芦笙的拉祜族人
/ 摄于2017年2月17日 /

勐库镇冰岛村南迫寨拉祜族祭竜日的祭品——糯谷的谷花（左为炒过的谷花）
/ 摄于2017年2月17日 /

勐库镇冰岛村南迫寨拉祜族祭竜日食用的鸡肉烂饭（配料包括大米、茴香菜、茴香老根、香蓼、辣椒和鸡肉等）
/ 摄于2017年2月17日 /

勐库镇冰岛村南迫寨拉祜族祭竜日的猪蹄炖煮草补药
/ 摄于2017年2月17日/

勐库镇冰岛村南迫寨拉祜族祭竜日正在为祭祀做准备的竜头
/ 摄于2017年2月17日 /

勐库镇冰岛村南迫寨拉祜族祭竜日盛装的竜头夫妇
/ 摄于2017年2月17日/

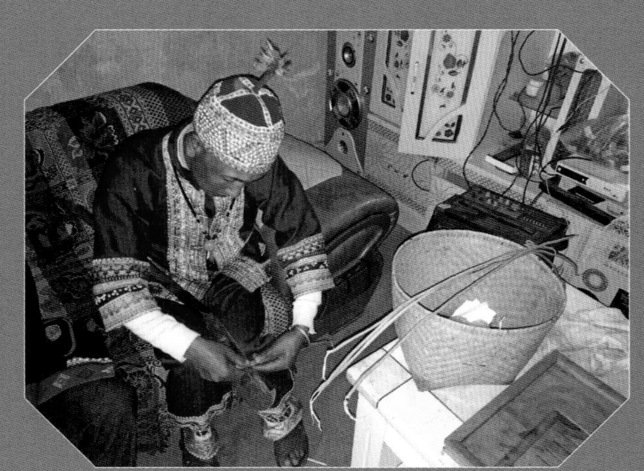

勐库镇冰岛村南迫寨拉祜族祭竜日竜头正在制作祭竜使用的蜡条
/ 摄于2017年2月17日 /

勐库镇冰岛村南迫寨拉祜族祭竜日制作好挂于门头的竜笆
/ 摄于2017年2月17日/

勐库镇冰岛村南迫寨拉祜族祭竜日正在制作祭竜使用的竜笆
/ 摄于2017年2月17日 /

库镇冰岛村南迫寨拉祜族祭
日清理草补药
于2017年2月17日 /

勐库镇冰岛村南迫寨拉祜族祭竜日村民在竜山祭祀
/ 摄于2017年2月17日 /

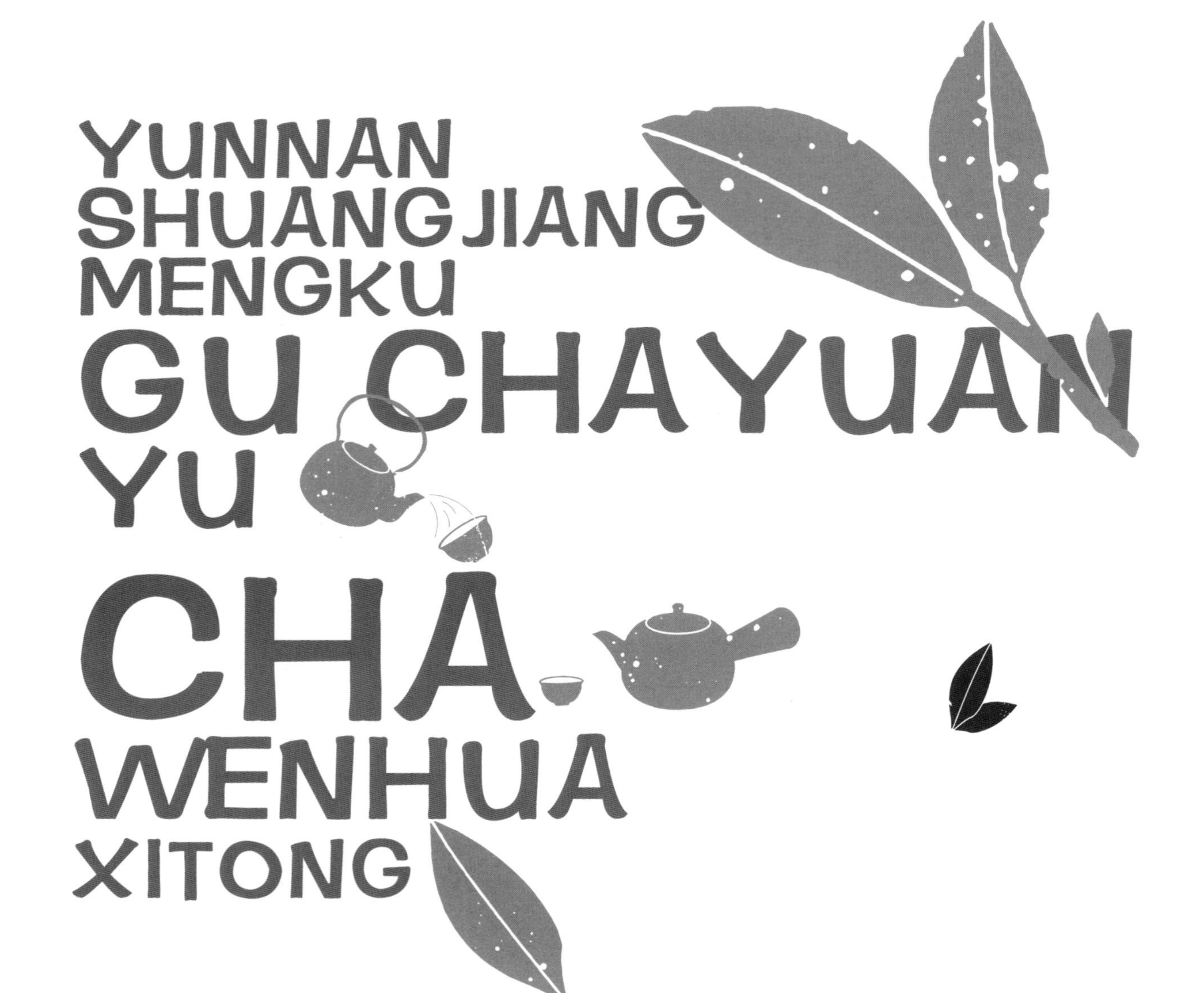
YUNNAN
SHUANGJIANG
MENGKU
GU CHAYUAN
YU
CHA
WENHUA
XITONG

第六章

茶瓯香篆小帘栊

著名南宋词人辛弃疾在其《定风波·暮春漫兴》中写道：“少日春怀似酒浓，插花走马醉千钟。老去逢春如病酒，唯有，茶瓯香篆小帘栊。”在词人闲居的日子里，饮茶品茗是他消磨时光的最佳方式。饮茶择器，茶瓯为何物？茶瓯是唐代最典型的茶具之一，也有人称之为碗。茶瓯为碗状物有诗为证，唐朝诗人皮日休在《茶中杂咏·茶瓯》中写道：“邢客与越人，皆能造兹器。圆似月魂堕，轻如云魄起。枣花势旋眼，苹沫香沾齿。松下时一看，支公亦如此。”因此，有诗人直接用碗来代指茶具：“铫煎黄蕊色，碗转曲尘花。”（元稹《一字至七字诗·茶》）“今宵更有湘江月，照出霏霏满碗花。”（刘禹锡《尝茶》）也有用瓯来代指茶具：“游罢睡一觉，觉来茶一瓯。”（白居易《何处堪避暑》）“白瓷瓯甚洁，红炉炭方炽。”（白居易《睡后茶兴忆杨同州》）

茶瓯材质陶瓷较多见，也有玻璃、大口建盏、金属等材质的茶瓯。明代朱权在其《茶谱》一文中云：“茶瓯，古人多用建安所出者，取其松纹兔毫为奇。今淦窑所出者与建盏同，但注茶，色不清亮，莫若饶瓷为上，注茶则清白可爱。”[1]可见，茶器与品茶的愉悦度关系紧密。茶瓯，到宋代演化为茶盏，明清之后有茶杯。茶碗、茶瓯、茶盏等不同称谓，牵引出茶在不同时代的品饮方法。“云南双江勐库古茶园与茶文化系统”农业文化遗产地不仅有悠久的茶叶栽培历史，还有极具浓郁地方民族特色的古法茶具，也有精致美观的现代工艺与传统民族特色相结合的民族风情茶具，等等。

有了高品质茶叶和精美的茶具，想更愉悦地品饮，还需精心设计打造优雅的茶室。“小阁烹香茗……钗影倒沉瓯”，勐库古茶山能满足您的所有审美需求。

[1] 朱自振、沈冬梅、增勤编著《中国古代茶书集成》，上海文化出版社，2010，第183页。

第一节 茶鼎熏炉宜小住

辛弃疾的文学与生活总离不开茶，其《减字木兰花·宿僧房有作》词云：“僧窗夜雨，茶鼎熏炉宜小住。”当夜雨滞留时，茶鼎熏炉是小住的标配。同时，从词人辛弃疾的日常生活中也可见宋代茶文化的兴盛。在“云南双江勐库古茶园与茶文化系统”遗产地居住的人们，不仅有淙淙的清澈山泉、优质勐库大叶种古茶园，还传承了非物质文化遗产的传统茶具制作工艺。水、茶、器等最重要的品茶要素在这里得到了完美呈现，留人小住！

临沧双江县沙河乡那洛村，是一个傣族聚居的村寨，寨中随处可见各种鲜艳的花儿盛开。在美丽乡村建设中，那洛以独具一格的傣族制陶、竹编、漆器绘画等传统技艺为基础，开设土陶体验馆1家、傣族漆器绘画馆1家、竹编馆3家。在这里，土陶茶具、竹编茶席尽显传统技艺之美。

沙河乡那洛村交通标识牌
/ 摄于2020年12月 /

沙河乡那洛村盛开的鲜花
/ 摄于2020年12月 /

沙河乡那洛村那洛佛寺

/ 摄于2020年12月 /

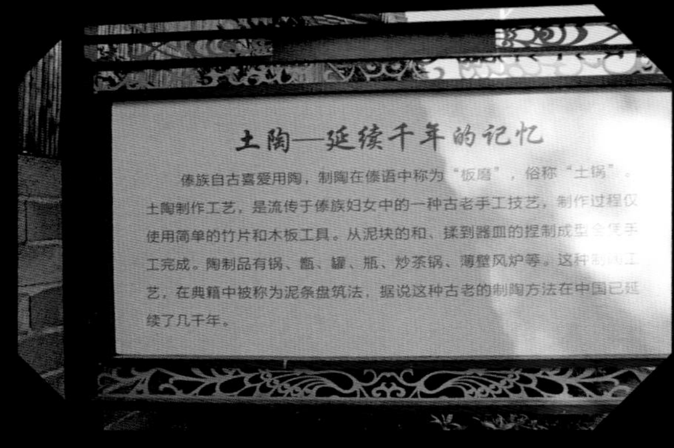

沙河乡那洛村土陶标识牌

/ 摄于2020年12月 /

沙河乡那洛村古法土陶坊

/ 摄于2020年12月 /

沙河乡那洛村古法土陶坊傣族女主人及其制作的土陶
/ 摄于2020年12月 /

沙河乡那洛村古法土陶坊制作茶具

沙河乡那洛村古法土陶坊制作土陶的原材料与工具

双江自治县沙河乡允俸村景亢寨也是一个傣族世居寨子，共83户（2020年）。在社会主义新农村建设中，景亢人银行贷款共同用，特色民居共同建，大事小情共同帮，公益事业共同干，产业发展共同谋，文明村寨共同创。景亢人积极投身村庄建设，以建设“鲜花盛开的村庄”，美丽、闲适、宜游的“花果山”为目标，通过傣族传习馆、制陶体验馆、傣族特色美食、傣族服饰、特色水果采摘等，打造集休闲、宜居、农事体验、农家娱乐、傣家风情于一体的乡村旅游村寨。2019年，景亢村进入第三批中国少数民族特色村寨之列。同年11月，景亢傣族风情村被评定为国家3A级旅游景区。景亢人以自治、法治、德治、贤治、智治“五治”为治理方式，如今已建成村美、民富、人欢乐的美丽村庄。因较高的生活水平，优美的生态环境，路不拾遗、夜不闭户的淳朴民风，景亢寨先后被评为“临沧市十大优美村寨”“省级民主法制建设示范村”和“省级文明村”，同时也被誉为“没有围墙的村庄”“不上锁的村庄”。

景亢人爱喝茶，民族特色竹编装点的品茗馆，让游客忍不住驻足，热情的傣族同胞就用一盏清茗酬知音。

沙河乡允俸村景亢寨入口
/ 摄于2020年12月 /

沙河乡允俸村景亢寨品茗馆
/ 摄于2020年12月 /

沙河乡允俸村景亢寨品茗馆竹编茶桌
/ 摄于2020年12月 /

沙河乡允俸村景亢寨墙报
/ 摄于2020年12月 /

沙河乡允俸村景亢寨墙报
/ 摄于2020年12月 /

沙河乡允俸村景亢寨墙报
/ 摄于2020年12月 /

沙河乡允俸村景亢寨一景
/ 摄于2020年12月 /

沙河乡允俸村景亢寨竹编
/ 摄于2020年12月 /

沙河乡允俸村景亢寨腊勐佛寺
/ 摄于2020年12月 /

第二节
碧玉瓯中翠涛起

双江县档案馆茶文化展厅展品
/ 摄于2020年12月 /

茶叶、茶器、茶水、茶室无一不与饮茶的愉悦情感相关。高品质茶叶是饮茶愉悦感来源的首要基础。“云南双江古茶园与茶文化系统”中的高品质茶叶，不仅是中国重要农业文化遗产的要素，而且在历年来各种名优茶评比中斩获了包括最高级金奖在内的多种奖励。尤其是云南双江勐库茶叶有限责任公司作为农业产业化国家重点龙头企业，“勐库”商标也荣获“中国驰名商标”称号，所生产的普洱茶更多次斩获包括“云茶杯”金奖在内的多项行业重量级奖项。自2018年1月起至今，每年均获得云南省十大名茶荣誉称号。时至今日，曾经的勐库戎氏茶企，今天的云南双江勐库茶叶有限责任公司，拥有了行业内生熟分制的两大专业差异化厂房，成为普洱茶联合国粮农组织有机认证示范基地。双江县档案馆茶文化展厅展出了当地的名优茶叶，具体茶品主要有包装精美、品质优良的饼茶、方砖等。

双江县档案馆茶文化展厅展品
/ 摄于2020年12月 /

双江县档案馆茶文化展厅展品
/ 摄于2020年12月 /

双江县档案馆茶文化展厅展品
/ 摄于2020年12月 /

双江县档案馆茶文化展厅展品
/ 摄于2020年12月 /

2009年5月制作的获成都首届茶博会“南峤杯”金奖的冰岛古树普洱生茶
甘丽琴 / 摄于2022年2月 /

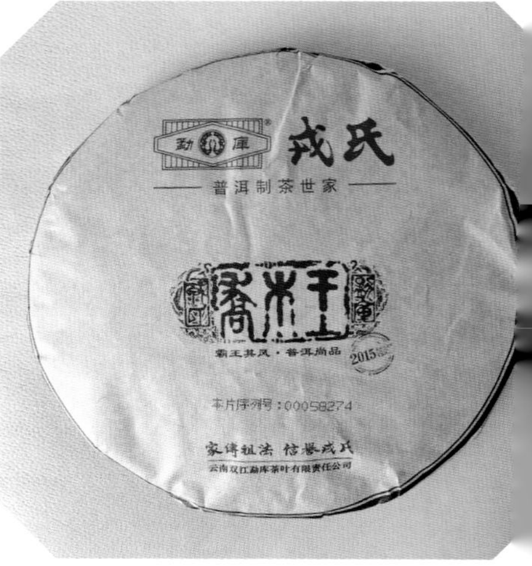

双江县勐库镇勐库牌戎氏普洱熟茶
/ 摄于2022年1月 /

双江县存木香公司品茶室
/ 摄于2022年8月 /

双江县佤族茶艺师
/ 摄于2022年8月 /

双江县存木香公司拉祜族茶艺师
/ 摄于2022年8月 /

喝茶重在意境，精美的茶器也是增加饮茶愉悦感的重要因素。临沧市双江县是多民族共同生息繁衍的热土，在民族传统文化与现代化的碰撞中，富有民族特色又不失现代感的精美茶具也应运而生。美茶、美器、美好生活尽在品茶赏器中！

古人云："小阁烹香茗。"有着众多古茶园的双江县，处处有茶室，时时飘茶香。双江县遍布各处的茶室既有民族传统文化的意蕴，也有浓郁的现代气息。"公但读书煮春茶"，在一间环境优雅的茶室中，一窗风月一壶茶，在品茶读书中消磨时光，是使现代快节奏生活慢下来的一种最佳选择！欢迎您来双江县品味古人"竹露松风蕉雨，茶烟琴韵书声"的美好生活意境。

拉祜寨烤茶

临沧市机场展示的陶瓷茶具
/ 摄于2020年12月 /

临沧市机场展示的茶道六君子
/ 摄于2020年12月 /

临沧市机场展示的土陶茶具
/ 摄于2020年12月 /

临沧市机场展示的竹编民族风茶具
/ 摄于2020年12月 /

双江县冰岛村冰岛老寨“俸字号”冰岛生茶茶汤
/ 摄于2020年12月 /

临沧市机场展示的竹编民族风茶具
/ 摄于2020年12月 /

临沧市机场展示的竹编民族风茶具
/ 摄于2020年12月 /

后记

终于按期完成了云南省社科规划科普重点项目『云南茶类重要农业文化遗产影像志』立项通知规定的研究任务——《云南茶类重要农业文化遗产影像志》书稿。本选题申报立项的时候，正逢我主持的2018年云南省省院省校教育合作人文社科项目『云南普洱茶古茶园保护利用研究』结项之际，在完成了繁重的结项任务之后，我的颈椎也出了毛病，白天黑夜疼痛难忍，大约半年的时间都无法动笔写作。所以，在本项目获得立项后，我只能趁教学工作之余，奔赴双江拉祜族佤族布朗族傣族自治县、宁洱哈尼族彝族自治县、普洱市思茅区和澜沧拉祜族自治县拍摄影像资料。由于有深厚的前期研究基础，因此在调研、拍摄及此后的写作过程中，我能以最快的速度按期完成书稿。

整个写作过程主要在2021年的寒暑假期间夜以继日地进行。与此同时，我4年前写作的《普洱寻茶》正在与编辑进行最后的文字校对与图片更换。看着4年前的文字，深感稚嫩与笨拙，因此在撰写本书时对自己有了更高的要求。虽然时间紧迫，也坚持亲力亲为，不让学生代笔，下决心一定要打造出一本能全面体现云南茶类重要农业文化遗产地之美的影像志。美图、美文、美编，一样都不能少，让茶祖遗留给云南茶农的千年财富与文化遗产能通过最精美的文字和图片呈现给全国所有喜爱七彩云南，以及爱茶、恋茶的读者朋友们。

本书能够全方位展现云南两项茶类重要农业文化遗产的价值，谨在此，我要对给予帮助的相关单位、部门、人员表示感谢！

首先，要感谢云南省社科规划科普项目的经费支持。

其次，要感谢遗产地的政府基层机构及其茶叶管理部门，以及茶农、茶商们。古普洱府城斗茶协会会长王天先生在繁忙的工作之余，以自己对云南普洱茶事业的热爱，带领我们于2017年考察困鹿山古茶园、2021年2月调研宁洱哈尼族彝族自治县普洱山，使得书中能够呈现困鹿山古茶园、普洱山绝美云海日出、俯瞰宁洱全城的影像。镇沅县千家寨茶农李美永不仅带着我拍摄到了千家寨野生古茶树的生长环境、哀牢山国家级自然保护区之美，还为我千方百计找到了千家寨2号野生古茶树的照片，让读者们看到2号野生古茶树的风姿。普洱市思茅区思茅港镇茨竹林村村委会主任曹加顺对书中需要用到的照片和文字总是有求必应，『最美村官』为展现家乡古茶山之美不遗余力。景迈山南康书记、苏国文先生、施正芊、张娜务，普洱市何仕华先生、国正鹂先生，云南省农科院茶叶研究所汪云刚研究员，景谷县刘松志、杨建华，云南农业大学谭晓岚、刘永临老师等都为本书图片的拍摄提供了一定的帮助。双江拉祜族佤族布朗族傣族自治县农业局康怀勇主任，对双江茶叶事业有着深厚的情怀，他带着我走遍了双江县值得全景展现给读者朋友们的与茶有关的每一个角落，对我提出的各种问题，总是不厌其烦，悉心考证，为本书下篇的顺利完成提供了巨大的帮助。康主任的情怀如冰岛春茶的芬芳，让我仿佛时时沉浸在『馀馥延幽遐』的余香之中。云南农业大学建筑工程学院吴晓敏教授在我写作茶山建筑时，给予了我最热忱的帮助和指导。我的学生杨源禾和李秀珊前往双江县冰岛村调研时，为我带回了《双江拉祜族佤族布朗族傣族自治县茶叶志》复印件，为我的写作提供了极好的史志资料。

再次，由于项目结项要求和资助出版申请需要，直至2022年1月，本书一直在进行修改、完善和校对，感谢为本书结项提出宝贵修改意见的专家们！也感谢云南科技出版社为本书申请出版资助提供的所有支持！

最后，由于成书于2021年暑假，为避免未出版前书稿的意外泄露，请正处于假期的龚书榆校对了部分文稿。在本书2022年获得出版资助后，父亲曹永泉亲自为我题写了书名。在此一并表示感谢！

2022年10月26日